McKinsey & Company

瓜生田義貴　板橋辰昌　柿元雄太郎

Towards an
Orderly Energy
Transition

マッキンゼー
エネルギー
競争戦略

日本経済新聞出版

マッキンゼー　エネルギー競争戦略

はじめに　エネルギー転換の現在地：世界の脱炭素は順調か？

２０２０年前後に世界で活発化した脱炭素の動きは、巨大な圧力となって世界各国の政府や企業に変化を促してきた。しかし、そうした気運の中で発生したウクライナ紛争の際には関連する混乱も相まってエネルギー価格が高騰し、安定供給に対する安全保障上の懸念が強まった。日本国内でも新電力の破綻だけでなく、夏場に電力不足が生じるなど、ひと昔前には考えられなかったような事態が発生し、東日本大震災以降、電力・エネルギーに対する関心が大きくなった。消費者や需要家にとっても、また一段違ったレベルで生活や経済活動へ及ぼす影響度合いが強まっている。

脱炭素化やデジタル化の流れの中でとりわけ電力に対する期待は非常に大きいが、将来的に十分な電力を確保できるのか、日本や世界は、脱炭素をどれだけの強度で継続していき、またその場合の国力への影響はどうなるのか、こうした疑問は、関係者だけでなく国全体の産業競争力のレベルの話として大きくなるばかりである。後述する通りエネルギー転換において電化が果たす役割は極めて大きい。一方でそれらは自動的に顕在化するものではなく、複雑に絡み合った現状のシステムに対し電力会社を中心とする既存のプレイヤーが個社単位や業界単位で変革をすることで実現され、それに合わせてプロフィットプールを享受し、大きく成長できる性質のものである。そこでは電力業界以外のプレイヤーや海外企業、そして何より制度や支援など国が果たす役割も極めて重要であるといえる。

本書では、エネルギー全体の視点からこの変化をできるだけ構造的に捉え、電力会社やエネルギーに関わる業界全般が将来に向けてどのような動きをするべきかを考察することを試みている。そのため読者としては電力関係者のみならず、電力・エネルギーに接点を有する広いプレイヤーを想定し、全体像まで大きく立ち返りながら個別の論点を詳述していく。「はじめに」では、直近で脱炭素へ向けた取り組みを最もリードしてきたドイツの状況を挙げて、本書で扱うテーマの具体的な問題意識を示すこととしたい。

ドイツの急進的な脱炭素化の顛末

振り返れば京都議定書を含め低炭素の取り組みの重要性を訴求してきたのは日本であったが、直近での脱炭素の世界的なトレンドの形成が欧州における戦略的なアジェンダであったことは周知の通りである。これは環境意識のみならず、再エネによるエネルギー自給率向上の寄与やそれを正当化しうる発電コストの低減に対する自信によって取られた戦略である。代表例たるドイツでは当時未実現の将来のコストダウンまでを見込みながら国・プレイヤーがリスクを取る形で太陽光発電や風力発電を積極的に導入し、石炭火力発電所の廃止をいち早く決定するなど、欧州発の脱炭素の動きを主導するキープレイヤーとなった。その後ＥＵを中心に可能な限り早く世界をCO_2排出ネットゼロへと移行させるために、炭素と名の付くものは「回避すべきもの」に分類され、低炭素燃料として温暖化対策の一つと長年みなされていたガス火力発電までもが「悪者」とラベリングされるまで議論が及んだ。金融機関も融資のあり方の見直しを迫られた。この流れが世界を席巻し、各国で再エネの導入が進み２０１９年には単年度で再エネによる発電量が化石燃料による発電量を上回り、その後も増加を続けた。

ところが直近のドイツでは、２０３０年に向けて自らが設定した目標に対して大きく足踏みをしている。これはウクライナ戦争を起因とした天然ガスの不足や経済の混乱に加え、想定したほどのコスト低減が実現されず、環境破壊を問題視する地域住民から大規模開発に対して反対運動が起きるなど、複合的な要因を背景にしており、今後巻き返しを図れるかどうかは不透明である。

そこでは、再生可能エネルギーが一定程度システムに導入されたことで生じる根本的な課題も幾つか表面化し始めている。特に議論になっているのが、図表０－１～３にあるよ

図表0-1、0-2、0-3 ドイツで表面化したエネルギー転換の歪み

❶ 石炭・原子力廃止で足りなくなる電源

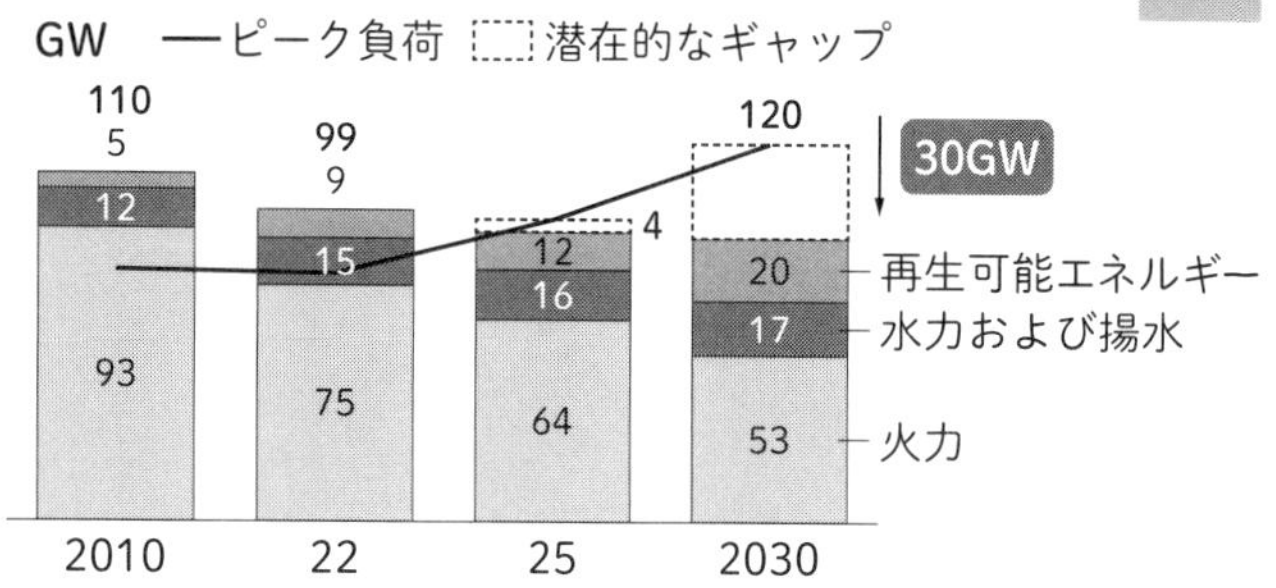

❷ 電力価格の乱高下の大幅拡大

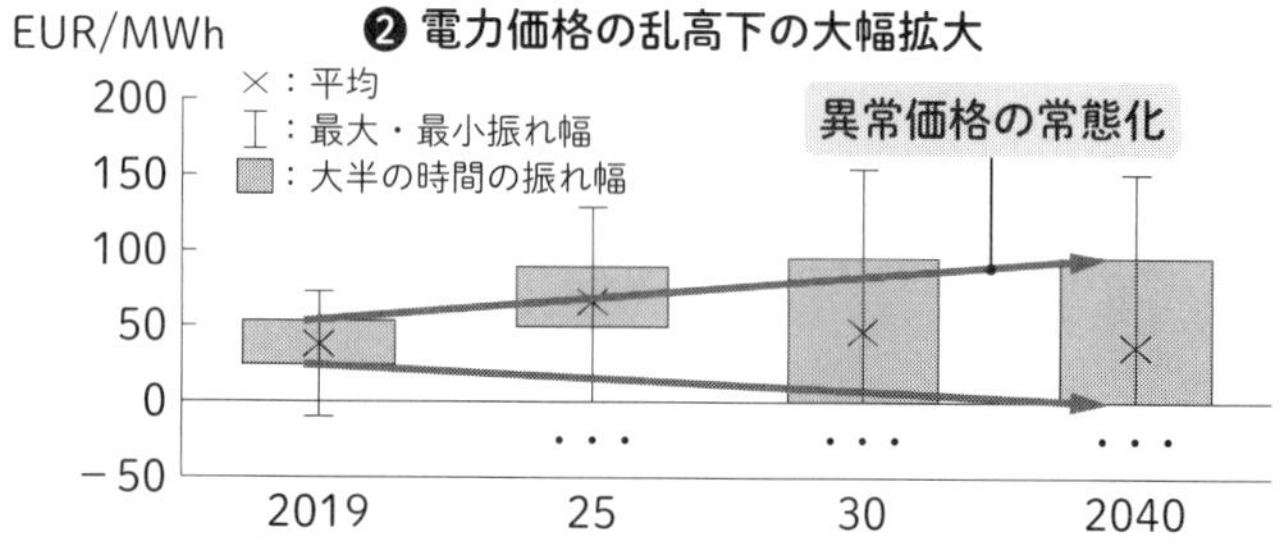

❸ 必要な送配電設備投資数の倍増（国際連系線）

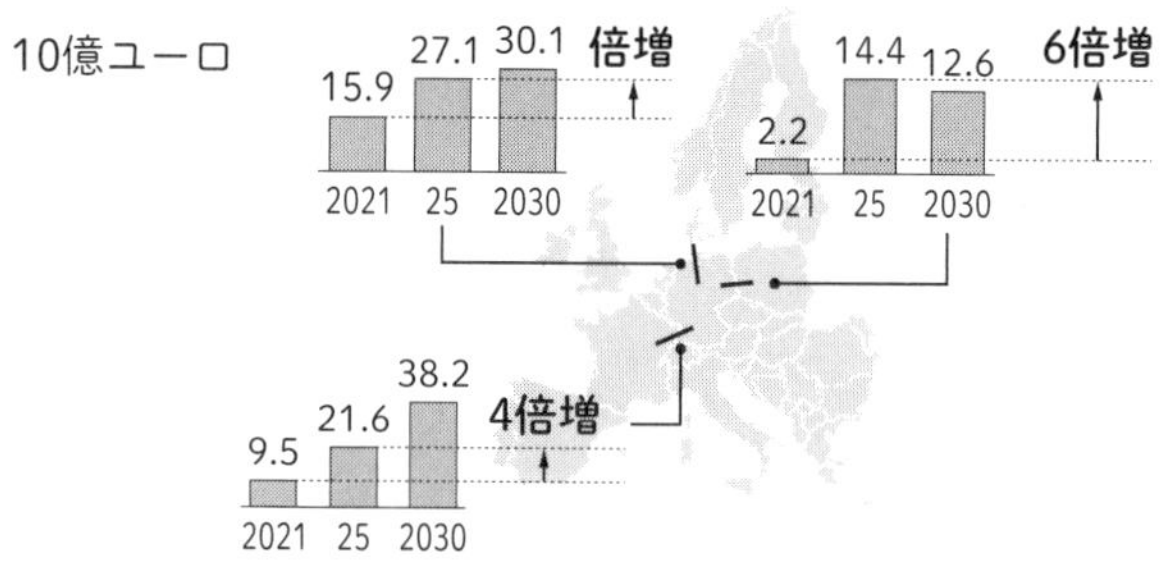

出所：McKinsey

うな電力不足、価格の乱高下、必要な送配電コストの増加である。

電力不足で停電リスクが顕在化

図表0－1は、ドイツの電力供給力と電源構成の推移を示している。2030年は火力発電所がまったく新設されない場合の予測値である。再エネや水力／揚水発電の比率は増えるものの、全体として供給量は右肩下がりに落ち込む。一方、線はピーク時の需要である。データセンターなどによるピーク負荷の増加により2030年は電化に伴って120GW（ギガワット）に需要が拡大することが予想されているが、ガスタービンメーカーも受注残が多く新規納入が追い付く目途が立たず、30GW近く不足しうるとみられている。

これほど供給力が急減する背景には、ドイツ政府が2024年までに石炭火力発電（約24GW）を完全にフェーズアウトさせることを政策として掲げていたこともあるが、それだけではなく再エネの登場によって電力の市場価格が下がり、火力発電所の稼働率も低下したことが挙げられる。発電事業者としては、老朽化した火力発電所を更新したくても固定費の回収が見込めず、廃止させるしか合理的な選択肢がないというのが実情である。

太陽光や風力の発電設備は、土地や環境上の制約からそう簡単に増設することはできず、一方でガス火力発電所も世界中で需要が高まった結果、タービンをはじめとした主要機器や建設資材の確保がままならず納期が年単位で大幅に長期化している。つまりこのままでは恒常的な電力不足が発生する事態に直面し、仮に再エネが今後、計画通りのペースで導入されていったとしても2030年に停電が最長で21時間、年間では最大100回程度も発生すると試算されている。

これを回避するためには、原子力か石炭火力を再稼働するしか選択肢はないが、そうなれば、石炭については脱炭素化の動きに大きく逆行し、原子力は政策転換が必要となり、いずれも政治的に困難なため八方ふさがりの状況にある。

事業の予見性が不透明に

自然変動電源であり発電量が一定ではない再エネの構成比率が高まるほど、市場で売買される電力価格の変動幅は広がり、需給バランスが崩れやすくなる。図表0－2は、マッキンゼーの電力シミュレーションモデルを活用しドイツの将来の電力価格を分析した結果である。ここでは電力価格が跳ね上がる時間帯と、電力が余って値段がつかない時間帯が繰り返し発生することが示されている。縦軸は1日当たりの年間平均発電原価である。年間を通じて棒線にて示した電力市場価格の8割はグレーの範囲に収まるが、季節、あるいは一日のうちでも時間帯によって、残り2割は最大・最小値がその範囲から大きく逸脱し、ネガティブ・プライスも発生する。

2030年以降、総発電時間のうち、乱高下する時間帯の割合が大幅に増加していき、価格の増減幅も広がり、2040年には、最大で通常の電力価格の10倍にもなることが予測される。これは一般家庭の電力消費に影響が及ぶだけでなく、産業界にとっても将来に向けてこれまでの戦略の変更を迫られたり、確度の高い事業計画が立てづらくなったりすることを意味する。ある小売事業者は、電力価格高騰の時期において、それまで高収益を誇ってきた大型店舗の採算が悪化する一方で、小型店舗の収益性は影響を受けないなど今後の出店計画を見直すことになった。また価格の乱高下の幅だけでなく、それがいつ・どれくらい起こるか予測しづらく、事業の予見性が失われることは、電力事業者だけでなく、一般企業にとっても経営上の大問題となりかねない。

送配電設備投資は数倍に増加

再エネの導入をめぐる議論では、発電主体である太陽光や洋上風力への投資に焦点が当たりがちだが、発電した電力を需要家に届ける送配電網に関するボトルネックも明らかになっている。特に太陽光の場合、夜間の発電量はゼロだが、晴れた日中には大量に発電され、瞬間的に変圧器、電力線に負荷が掛かる。既存設備にはそれなりの冗長性がある設計となっているが、再エネの比率が高まるにつれて、従来の送配電網では対応しきれず発電側で出力を抑制しつつ、送配電設備を増強する選択肢を迫られる。

図表0－3は、ドイツと隣接国をつなぐ国際連系線への投資を今後どのくらい強化しなければならないかを示したものだ。2021年に比べて、2030年には必要な投資が2～6倍にも膨らむ予想となっている。これに加えてドイツ国内の送電・配電設備の増強も欠かせず、我々の試算では、過去5年間の投資平均と比べて50～70%近く増やす必要がある。結果として一部発電向けの賦課金を含む託送料金の上昇により電力料金は2割ほどの上昇が見込まれる。

現状でも既に消費者に対する電力価格の負担は増加しているが、ここでも産業界への影響は計り知れない。ドイツ有数の化学会社であるBASFは国内生産を取りやめ、製造拠点を海外に移転することを決めた。これは、ウクライナ紛争により価格競争力のあるロシア産ガスが調達できなくなったことなどの影響により、電力やエネルギーに関する明るい展望が見えないことも大きく影響している。同様に、エネルギーコスト低減や安定調達を求めて、国内生産を海外に移転するドイツ企業が続出しており、フォルクスワーゲンにおける議論も記憶に新しい。

これら3つの課題は、エネルギーシステム全体を脱炭素に大きく振り向けたがゆえに顕在化した弊害といえる。いずれも軽視できない難題であり、今後の大幅な脱炭素に向けた計画的な移行の重要性を示している。

上流の資源分野における影響

同様のエネルギーシステムへの影響は電力の上流分野に位置する資源領域でも大きい。図表0－4は2018年から2023年までの欧州における天然ガス価格の推移を示したものだ。ウクライナ問題でロシアが欧州向けのガス供給の大部分を停止したことにより、ガス価格が高騰したピークが目立つが、実際にはこの図からわかるように、ウクライナ問題以前からガス価格は数倍に上昇しており、そのトレンドがウクライナ紛争によるピークと比較して相対的に見えづらくなっている。

このウクライナ問題前の高騰の直接的な要因としては、風況が弱く、火力発電で風力発電分を補うためにガスの使用量を増やす必要が生じたという気候上の理由がある。2020年から2021年の冬期は世界的に気温が低く、中国などアジアでもガス需要が高まったため、LNG価格が高騰した。

しかし構造的には、電力業界と石油ガス業界の間におけるより強いフィードバックサイクルがさらに作用している。電力の需要サイドの量的な充足度や価格変動は上流の資源側にもシグナルとなる。急激な再生可能エネルギーの導入によりガス火力の稼働率低下や新設延期などの需要減少が見込まれれば、上流のガス開発も行われづらい。つまり、再エネの増加トレンドや、脱炭素化に伴うガス火力発電のシェア低下を見越して、上流の資源開

図表0-4 天然ガス価格はロシアのウクライナ侵攻の前から上昇していた

上流資源投資の減少や、欧州の風況や気候により上昇が発生していた

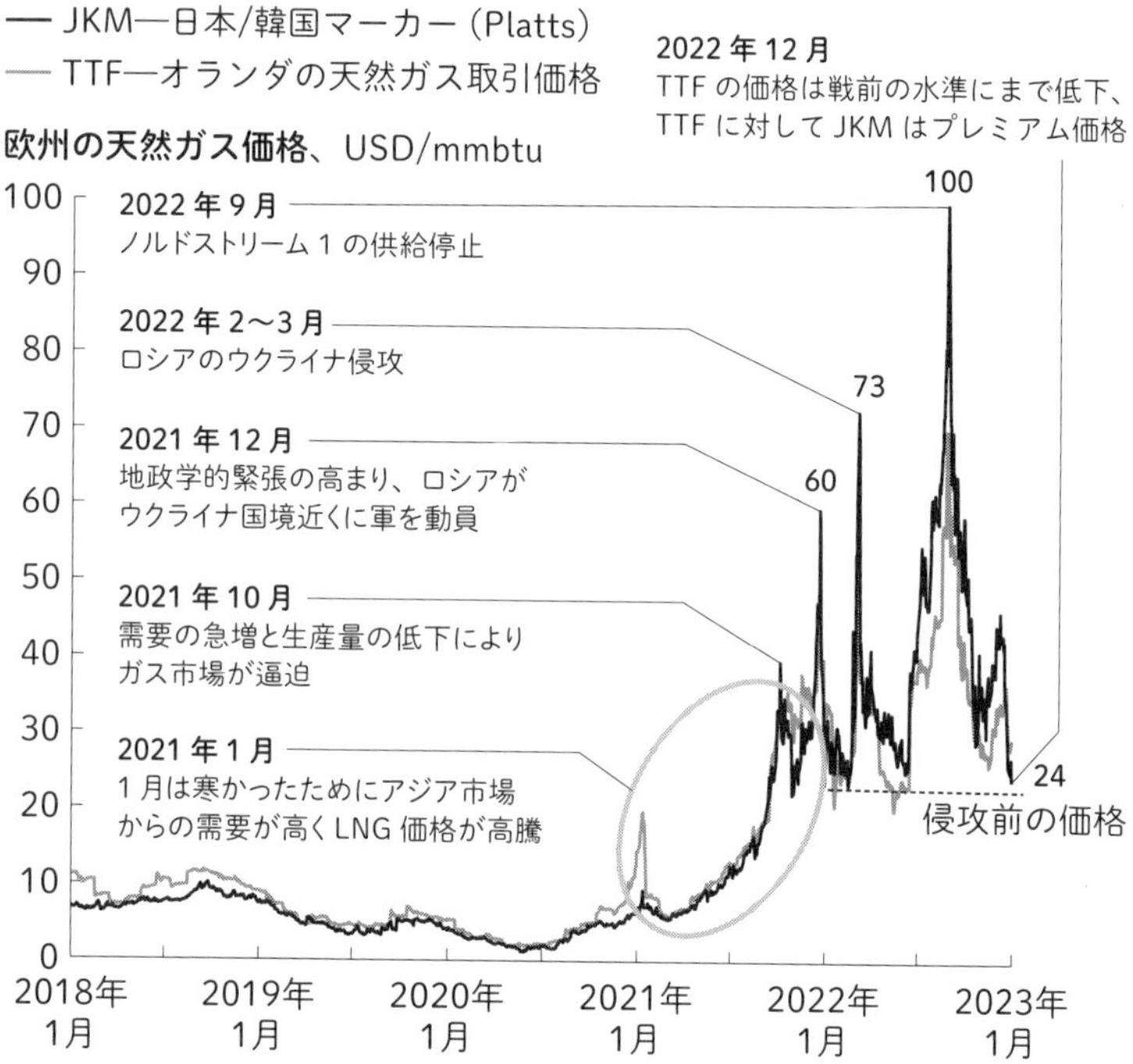

1・2018年1月1日から2021年5月31日までの各月平均
出所：Bloomberg、CEM

発への投資が抑制される方向で働いてきた。

求められる広い視野での取り組み

エネルギーも電力も、ウクライナ紛争によって、その転換をめぐる課題の規模や深さが拡大したことは事実だが、最大の原因は安定供給よりも脱炭素や経済性を意識したシフトのスピードが速かったことによる。エネルギー・電力という財としての公共性、環境価値や安定供給などの外部価値を市場設計に組み込むこと、また、一般的な大型電源を中心とした競争環境下で長期的に投資回収が見込めるように市場設計を最適化することは、非常に難しい。それは紛争が起こるはるか前からあった構造的問題であり、それが今諸事情によりようやく顕在化しているにすぎない。しかも、これはドイツだけの話ではない。細かな状況は異なれども、世界各国で共通して発生している。

これは図らずも、日本のエネルギー関係者が以前から提起してきた問題でもある。日本は他国とエネルギーを融通できない島国であり、自然環境は台風などの災害が多い。季節による需要変動は激しく、再エネ資源のエネルギー強度（単位面積当たりに注がれるエネルギーの密度）は必ずしも大きくない。そのような環境で信頼性の高いエネルギーシステムを構築してきた日本の関係者の目線で見れば、予想できた状況であったかもしれない。

日本は再エネによる発電を拡大すれば、送配電網の増強が必要になるため発電コストはその統合費用を含めて見るべきだとかねてから訴えてきた。以前は顧みられなかったが、最近になってようやくこの主張の妥当性が認められるようになっている。エネルギーの安定供給を大前提としながらも、脱炭素を実現するには、太陽光や風力だけでなく、あらゆる種類の技術を駆使することが重要である。単体の技術だけを見ればコスト高だとしても、システム全体の安定性、トータルコスト、自給率向上に向けて最適解を探っていく必要がある。

この点も踏まえて、本書では、脱炭素のような単独の目標ではなく、包括的な視点からのエネルギー転換とエネルギー業界の変化を捉えていく。また、世界が今後も変化し続けることを前提に、日本のエネルギー企業がとりわけ大事にしてきた安定供給の精神を守るためにも今後どのように取り組んでいけばいいのか、具体的なアクションにつながる打ち手を考えていきたい。電力会社を主語とした記載が多いが、ガス・石油やインフラ事業者にも共通したテーマであると考えている。

なお本書は、2024年の米国大統領選挙後に誕生したトランプ新政権のエネルギー政策や、各国が策定するエネルギー基本計画の動向を踏まえつつ、執筆時点で得られる情報に基づいて構成している。本書が出版される頃には、これらの政策や計画の詳細がすでに明らかになっている可能性が高い。執筆時点では不確定な部分があることを、読者に予めご了承いただきたい。

一方で、本書の議論は、これら短期的な政策変更に左右されることのない中長期的な視点に基づいている。例えば、エネルギー市場の基盤となる技術革新や経済的トレンド、そして気候変動への対応という大きな枠組みは、政権の方針変更があっても大きな重要性を失うことはないと考えており、こうした中長期的な視点をもとに、トランプ新政権や各国の政策動向を適切に位置づけていただければ幸いである。

本書の構成

第1章では、マッキンゼーが毎年発表している「グローバル・エネルギー・パースペクティブ（GEP）」のデータや分析結果を用いて、世界全体のマクロのエネルギーの行方を概観し、脱炭素化に向けた世界の現在地や、目標とのギャップを埋めるうえで電力が圧倒的に重要な役割を果たしつつ、電力以外の脱炭素燃料や需要側技術の立ち上げが必要なことを紹介する。また脱炭素はすべてが成長領域ではなく投資を含めたコスト増が想定されることになるという現実的な前提を確認する。

第2章では、これまで脱炭素を牽引してきた欧州で、再エネを主体とする方式に代わりエネルギー戦略の考え方にS＋3Eのバランスが持ち込まれ、「産業競争力」という新たな軸が加わっていることや、脱炭素の難易度に関わる自然環境、地形・気候、産業構成により、どのような脱炭素のパターンがあるかを国別に類型化し、日本が置かれている状況を整理する。

第3章では、日本が脱炭素に向かう中で、電力市場がどのような圧力にさらされるかについて、シミュレーションを用いながら分析する。脱炭素の取り組みは総コストが100兆円規模にのぼる国家的事業である。その抑制や低減に向けた発電種別システムコストの最適化、送配電・連系線の整備、バッテリー（二次電池）、水素、CCS（二酸化炭素回収・貯留）、原子力などの果たす役割を個別に見ていく。

第4章では、その状況下における既存の大手電力会社について、短期的に直面している打ち手について発電、送配電、小売の主要3事業と全社に分けて、現状と課題を整理し、変革を行うことでエネルギー転換を成長の足がかりにできる可能性があることを議論する。

第5章では、より中長期的な産業変革の目線から電力会社を中心にエネルギー業界への示唆を見ていく。エネルギー転換を推進するために、日本の国土の地域特性も踏まえて、エネルギー業態転換の仮説を提示する。エリア別に乖離が広がるエネルギーニーズに対し、業界の枠を超えた長期戦略を持って自己変革を進めることで、国・地域やエネルギーエコシステム全体が果実を得ることができることを議論する。

		主なポイント	キーメッセージ
エネルギー転換の現在地 ：世界の脱炭素は順調か？	はじめに	世界の脱炭素は順調か？ ここ数年の教訓は何か？	●脱炭素目標達成は風前のともし火 ●再エネばかり見すぎた急進的な転換が価格の高騰、電力不足、産業空洞化をもたらした
複雑化する 世界のエネルギーの潮流	第1章	現実的なエネルギーの世界の未来はどのようなもので、その中で電力が果たす役割は？	●脱炭素に依らず電化は不可避（需要倍増） ●ガス・新燃料も残る ●「秩序だった移行」には土地、制度、金融など非技術分野が焦点
新しいグローバルゲームと 日本のポジション 安定供給 / 経済性 / 環境性 / 産業競争力	第2章	各国がエネルギー／電力政策を考える新しいゲームのルールとは？	●S+3Eに産業競争力が加わり、話が電力・エネルギーにとどまらなくなった ●日本は構造的に不利な立場に置かれる
日本 / アメリカ / ドイツ / … 日本の電力事業者が直面する課題 供給：ガス / 再エネ / 原子力 / 石油・石炭 需要：産業 / 運輸 / 事業 / 家庭	第3章 第4章	日本の電力市場が迫られる圧力と、国／電力会社として取り得る選択肢のオプションは何か？	●恒常的な電源不足でS+4Eのトレードオフの議論は不可避 ●再エネ費低減、原子力・火力増設、系統投資のニーズを需用側連携で緩和する
産業変革の道筋と電力会社の業態変革 供給 / 需要 × エリア区分（工業地帯、都市、郊外、郡部） ▶ ●電力 ●ガス ●機器 ●金融 ●商社 ●政策当局	第5章	エネルギー転換の機会と脅威に対し、エネルギー業界としてどのような自己変革が必要か？	●今の業界構造のままでは踏み込みきれない ●供給構造をエリア区分別に変える ●果実を得るのは早く大きく自己変革するプレイヤー

マッキンゼー　エネルギー競争戦略　目次

第4章　日本の電力事業者が直面する課題

第1章

複雑化する世界のエネルギーの潮流

本章のポイント

- 現状トレンドでは世界の脱炭素は1.5度シナリオ未達となる
- どのシナリオでも電力需要はデジタル化や電化で2050年まで2～3倍増、化石燃料は再生可能エネルギーを補完する形で底堅い需要を維持
- 水素、CCS、SAFなどの脱炭素技術は商用化のチャレンジに直面、トータルコスト抑制の観点で価値が評価される
- 脱炭素は成長のみならずコスト増が必要になるという前提にたった現実路線でのエネルギー転換の再考が必要
- 「秩序だった」エネルギー転換には、土地、制度、金融など非技術分野が焦点

マッキンゼーが想定するエネルギー・シナリオ

この章では世界のエネルギーシステムがマクロでどのように変化していくか、また、2050年に向けた長期の視点で、一次エネルギーから最終消費に至るまでにエネルギーの構成がどう変化するかを見ていきたい。

エネルギーの長期予想などのシミュレーションは、最初に到達目標を決めてそれを満たす道筋や解を探していく「バックキャスト（逆算）」方式と、足元からの現実的なトレンドを加味しながら将来を順方向に予測する「積み上げ（フォアキャスティング）」方式の2タイプに大別される。例えば国際エネルギー機関（IEA）のネット・ゼロ・エミッション2050年実現シナリオ（NZE）（1・5度シナリオ）はバックキャスト方式であるが、コスト・投資や地域の粒度、前提などが必ずしも明らかにされておらず解釈の仕方に幅が大きく存在する。

本書の分析に活用したのはマッキンゼーが毎年独自の長期エネルギー予測として発表している「グローバル・エネルギー・パースペクティブ（GEP）」である。これは、世界中のクライアントとのコンサルティングサービスを通じて獲得した最新のビジネス、技術、

図表1-1 グローバル・エネルギー・パースペクティブにおけるシナリオ

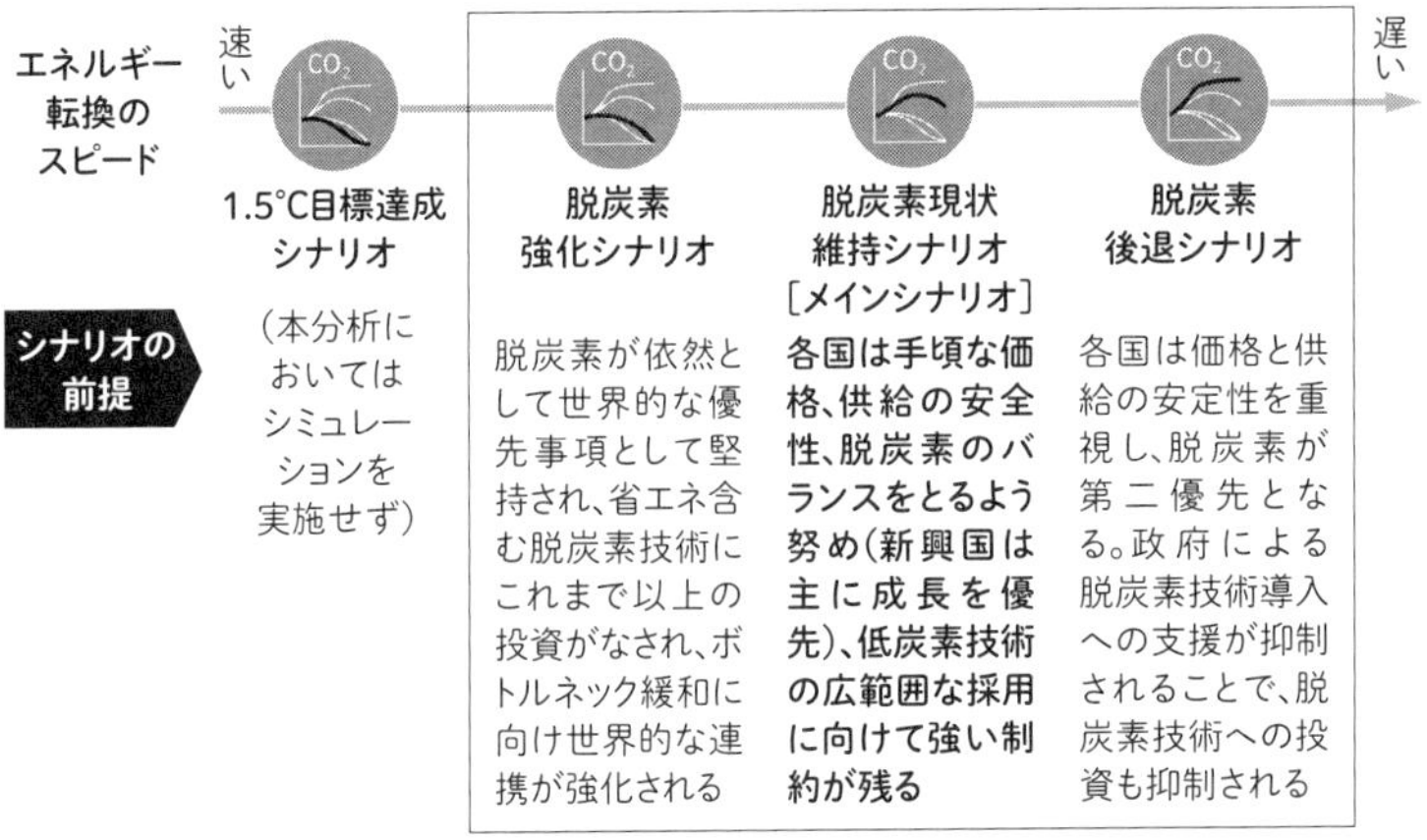

エネルギー転換のスピード	速い ←				→ 遅い
	1.5℃目標達成シナリオ	脱炭素強化シナリオ	脱炭素現状維持シナリオ[メインシナリオ]	脱炭素後退シナリオ	
シナリオの前提	(本分析においてはシミュレーションを実施せず)	脱炭素が依然として世界的な優先事項として堅持され、省エネ含む脱炭素技術にこれまで以上の投資がなされ、ボトルネック緩和に向け世界的な連携が強化される	各国は手頃な価格、供給の安全性、脱炭素のバランスをとるよう努め(新興国は主に成長を優先)、低炭素技術の広範囲な採用に向けて強い制約が残る	各国は価格と供給の安定性を重視し、脱炭素が第二優先となる。政府による脱炭素技術導入への支援が抑制されることで、脱炭素技術への投資も抑制される	

出所：McKinsey

コストに関する情報を用いて、146の事業セグメント、70以上のエネルギー種別について、積み上げ方式でエネルギーの将来の行方をフォアキャスティングで考察している。結果の内訳や変化のドライバーが説明できるため、企業の経営判断に利用しやすくなっている。GEPのモデルは「脱炭素後退」、「脱炭素現状維持」、「脱炭素強化」、「1・5度目標達成」という4つのシナリオを有している（図表1－1）。

脱炭素後退シナリオは、気候変動政策がCOP26以前に後退し、各国が掲げる脱炭素の目標は達成できず、国民感情も冷えこみ、原材料やサプライチェーンの制約により、コスト低下が反転し、化石燃料の支配的な状況が長期化するものである。

2030年～2050年の世界平均CO_2

価格が50ユーロ以下であり脱炭素投資は進まない。また、世界の気温上昇幅は2・4度以上となることが見込まれる。

脱炭素現状維持シナリオは、現状の取り組みをそのまま続けていく場合である。再エネのコスト低下は従来トレンドを維持するレベルで継続していくが、現状の政策を維持するだけでは2030年目標とのギャップを埋めるまでには至らない。先進国が目標を達成するのは2050年を過ぎてからとなる。脱炭素投資の引き金となる世界平均CO_2価格は55〜140ユーロ、気温上昇幅は1・9（1・6〜2・4）度である。

脱炭素強化シナリオは、先進国を中心に各国政府が積極的かつ計画的な気候政策にコミットし、エネルギー危機の解決策として気候テックのイノベーションが加速するものとなる。エネルギー事業者もそれぞれ脱炭素化の取り組みを強化し、消費者も行動を変えて支援する。脱炭素投資の引き金となる世界平均CO_2価格は75〜180ユーロ、気温上昇幅は1・9（1・6〜2・1）度である。

1・5度目標達成シナリオは、ありたい将来像からバックキャストで考えたものであり他の3シナリオとは性質が異なる。1・5度への指針が世界的に採用されると仮定し、急速な脱炭素投資と行動変容が促進される。世界平均でのCO_2価格は200ユーロ以上となり、2015年のパリ協定で採択された気温上昇幅1・5度の目標が達成される。

このような将来のシナリオやシミュレーションは、作成者によって前提の置き方や作成方法が異なるため、算出される数字は大きく異なってくる。そのため、シミュレーションの議論は関係者間でその数字は正しいか間違っているか、その前提の置き方が妥当かといった議論になりやすい。しかし将来の不確実性を前提にしたとき、むしろこうしたシミュレーションや数字は、正確性を問う議論ではなく、未来に備えるために使うべきものである。つまり特定のプランを持った上で、自分たちの意思決定を行い、現実世界の展開に合わせプランからの乖離の方向・幅を把握し、再度意思決定に回していく使い方が実用的である。例えば、蓄電池のコストがいくら以下になったらシステム全体の投資との便益の観点で好ましいのかというティッピング・ポイント（閾値）を分析把握し、その推移をモニタリングし、先手を打って行動するのが適切な使い方であり、グローバル・エネルギー・パースペクティブはそのような思想で設計されている。なお本書では、今後、脱炭素現状維持シナリオをメインシナリオとして考えていきたい。

２０５０年のエネルギー需給の状況

「はじめに」でも述べた通り、世界の脱炭素の進展は数年前と比較し減速傾向にはあるものの、中長期的な脱炭素の方向性は変化していない。この章においては２０５０年頃のエネルギー構成や使用状況がどのように変化するのかを、本シミュレーションで用いたシナリオと共に紹介したのちに、全体的な示唆の深掘りの上、見ていきたい。

図表1－2は前述したシナリオごとの世界全体の総エネルギー需要の推移である。2008年のリーマンショック、2020年のコロナ禍で一時的に需要が落ち込んだが、コロナ後の回復はもちろんのこと、世界はこれまで数十年総じて経済成長とともに総エネルギー需要が伸びてきた。脱炭素強化シナリオでは電化によるエネルギー効率が向上し、従来のエネルギー需要の伸びが相殺されることを想定している。一方、脱炭素後退シナリオでは電化があまり進展せず、経済成長に伴うエネルギー原単位が改善しない。

次に脱炭素現状維持シナリオを用いてある程度脱炭素が進む世界において、エネルギーがどのように使われるかを示したのが図表1－3である。2023年時点と2050年時点で、世界で用いられている一次エネルギー需要（左側）から最終エネルギー消費量（右側）までのフローを線で表している。線の太さはエネルギー量であり、2023年時点では石炭、石油、天然ガスが最終エネルギー消費に多く用いられている。石油から運輸に結ばれている線は、自動車や航空機などでガソリンやジェット燃料としてエネルギーが消費されていることを表している。また、建物や産業（工場のボイラーなど）で燃料として用いられる場合も多い。中央の鉄塔を経由する線は、発電して電力の形で最終消費されるこ

図表1-2 脱炭素が進むシナリオほど電化が加速しエネルギー効率が高まり総エネルギー需要の伸びは抑制される

最終消費における電力の割合はシナリオ全体で2050年までに32 ～ 48%になると予測される

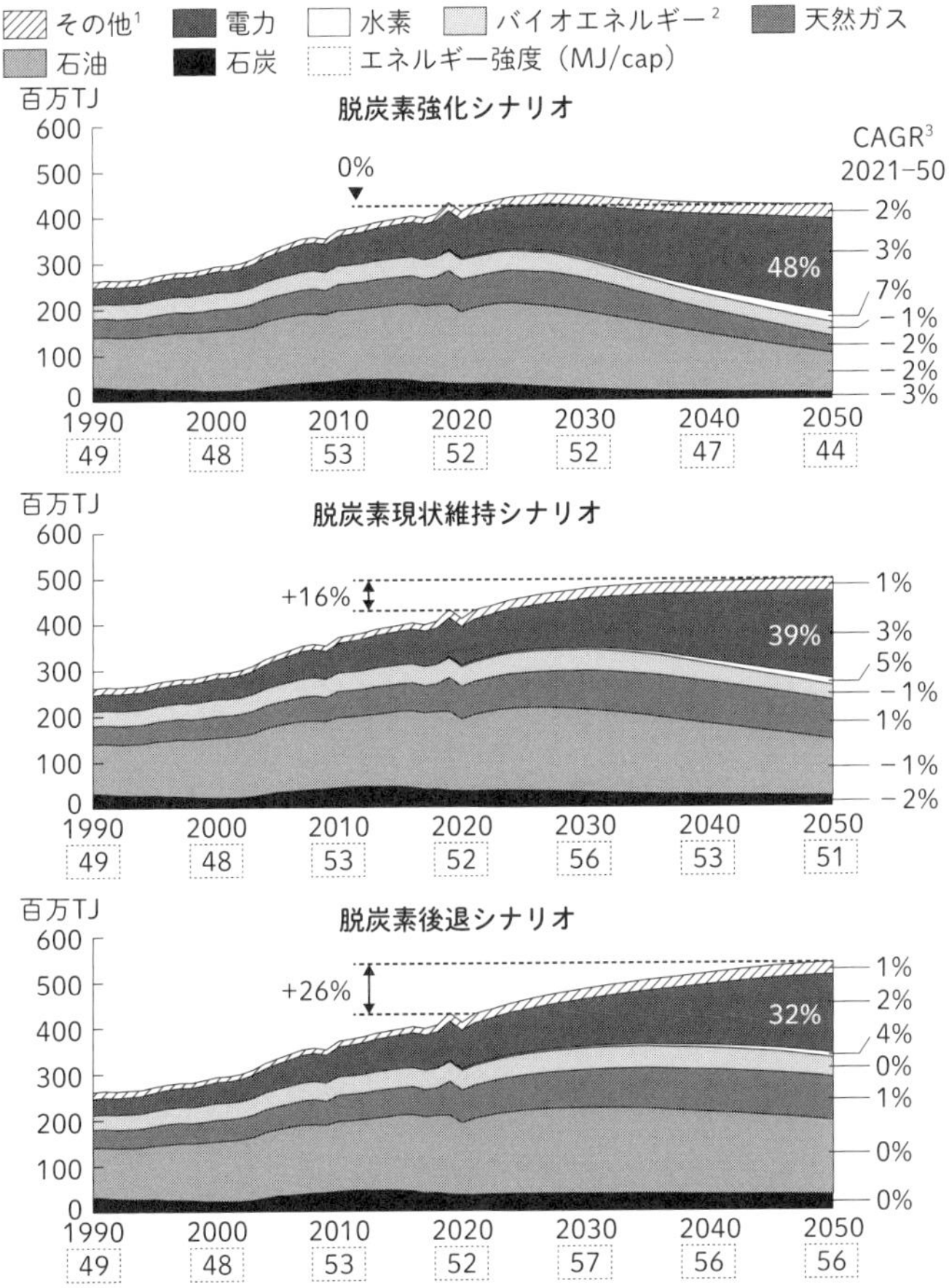

1. 熱、地熱、太陽熱を含む
2. 合成燃料、バイオ燃料、その他のバイオマスを含む
3. 年平均の成長率

出所：マッキンゼー・エネルギー・ソリューションズ Energy Perspective 2024

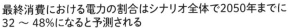

図表1-3 世界のエネルギーシステムは電化を軸に多面的に変革を遂げるが、ガス・石油の役割は依然大きい

2050年までに、再生可能エネルギーが支配的なエネルギー源となり、産業界での消費の割合が拡大する

一次エネルギー需要から最終エネルギー消費まで

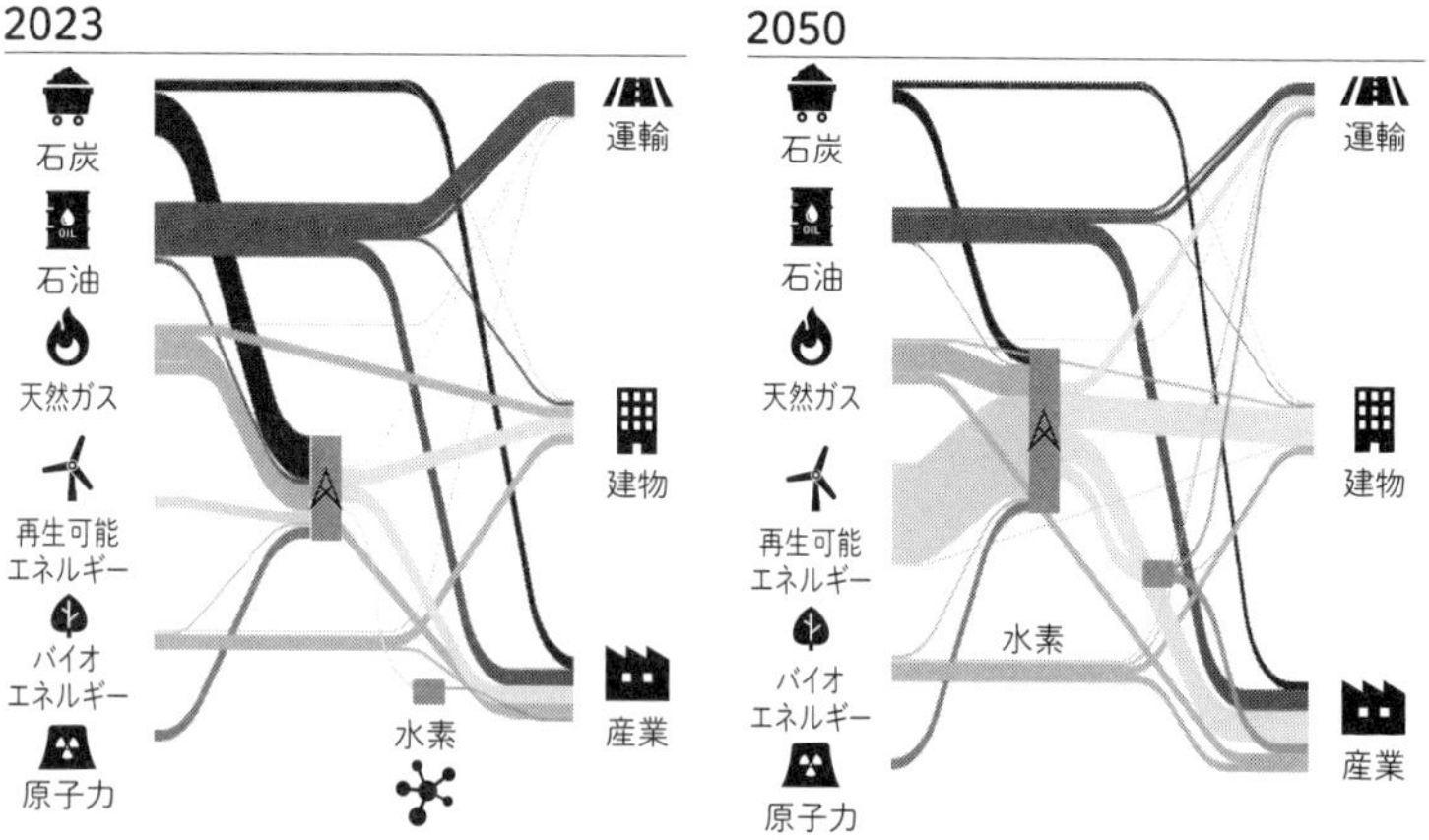

出所：マッキンゼー・エネルギー・インサイトによる「世界のエネルギー展望　2022年版」

とを示している。

2023年と2050年の状況を比べると、使用されている一次エネルギーの種類そのものは変わらないが、線の太さにはかなり変化が見られる。特に太くなるのが再エネである。図の中央の鉄塔のアイコンを通過する電力の線幅も太くなっているが、これは社会全体のエネルギーに占める電化率が倍増し、50%になるからである。

2050年になると、フローが複雑化し、細い線が増えていることにも、注目していただきたい。例えば、天然ガ

スは電力の形で最終消費される場合もあれば、水素をつくって水素エネルギーの形で消費されることもある。現在よりも多様なエネルギーが目的に合わせて使い分けされるようになるとの見方である。

ここからはこのグローバル・エネルギー・パースペクティブが指し示す主要な示唆として以下5つを取り上げて各々見ていきたい。

①いずれのシナリオであっても1・5度シナリオに必要な炭素排出抑制は実現されない
②エネルギー需要の増分は新たな主役に移行（データセンターや、非OECD諸国等）
③化石燃料需要は従来想定よりも底堅くピークアウトは遅れる
④脱炭素技術が乗り越えるべき壁の顕在化（脱炭素に伴うコスト増）
⑤脱炭素は現実的にはコスト増につながる

①1・5度シナリオの実現は黄色信号

脱炭素の目標に対する世界各国の進捗を考えると、後退シナリオと現状維持シナリオの中間にあると、我々は捉えている。2021年を通じて世界のエネルギー需要とCO_2排出量は前年比で5％増加し、ほぼコロナ以前の水準となっている（エネルギー関連の

図表1-4 **すべての諸国が現在のコミットメントを達成したとしても、世界の排出量は依然として1.5℃シナリオは大幅に未達**

ノックオン効果や地域的な差異により、局地的に大幅な気温上昇が進む可能性

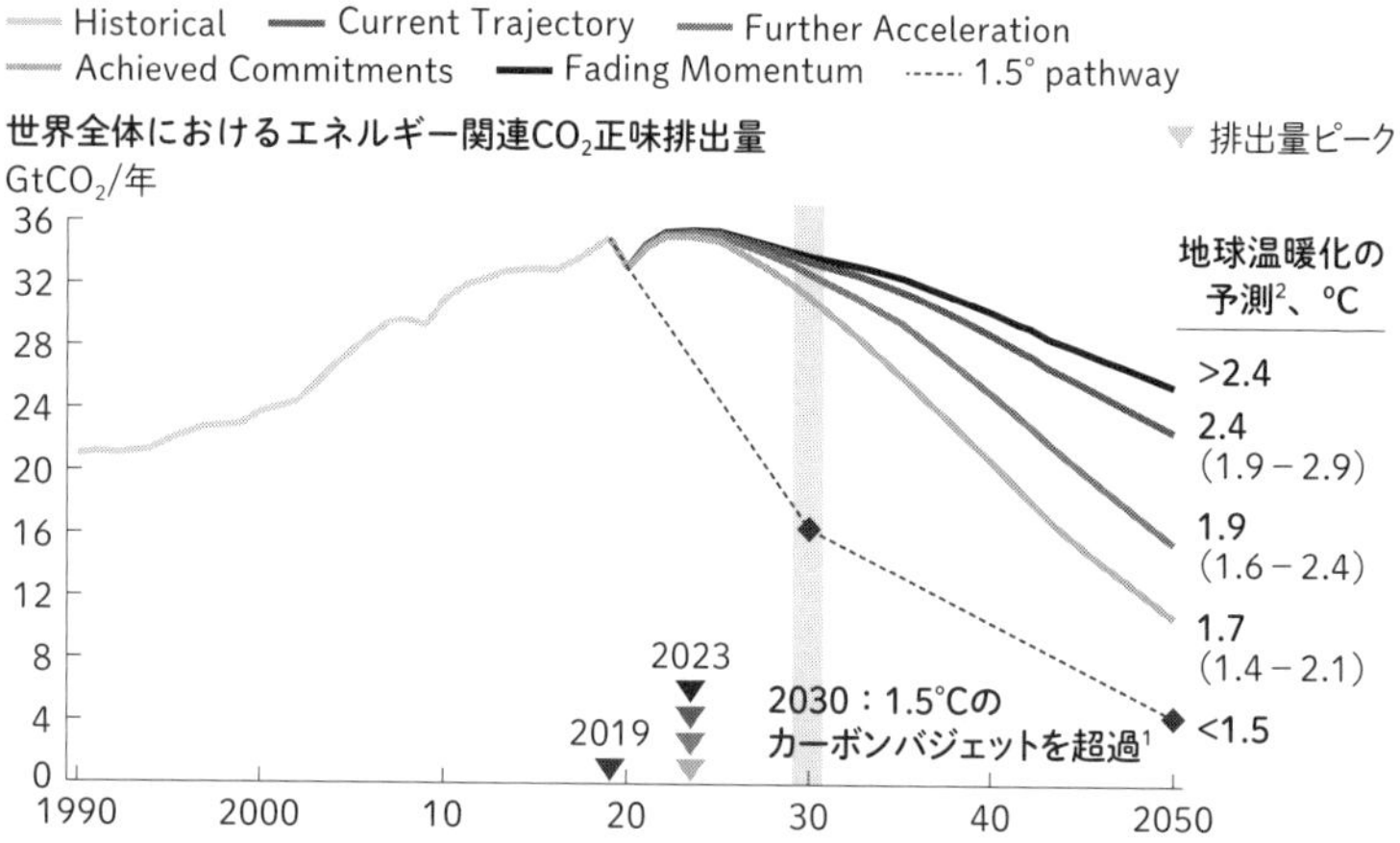

1. 2018年以降の二酸化炭素累積排出量は570 Gt
2. 1990年の水準から2100年までに予想される世界の平均気温上昇。中央値（17～83パーセンタイル）で表現分析はMAGICC v7.5.3に基づく。2050年以降も減少が続くが、正味の負の排出はないと仮定

出所：マッキンゼー・エネルギー・インサイト「世界のエネルギー展望2022年版」

CO_2排出相当量は約33ギガトン）。COP26では、世界のCO_2排出量の89%を占める合計64カ国が温室効果ガス排出量を正味ゼロにする「ネットゼロ・コミットメント」を表明し、金融機関や民間企業の間でも脱炭素化の目標を掲げる動きが増え続けているが、その実行については必ずしも担保されていない。

また、我々の見立てでは、表明国だけでなく途上国も含むすべての国がネットゼロ・コミットメントを達成した場合でも、肝心の全世界のCO_2排出量は依然として

1・5度シナリオの達成には程遠い。

図表1－4は全シナリオにおける世界のCO_2排出量を示したものだ。この図で注目したいのが、1・5度シナリオを達成するための点線の傾きである。コロナ禍のロックダウンにより、産業や人々の活動が制限されたことで、世界のCO_2排出量は5%程度減少したが、その後はすぐにコロナ前の水準に戻った。このまま進行すれば、1・5度シナリオの達成に必要なCO_2排出量の抑制は果たせないどころか、2050年には目標量を大幅に上回ってしまう。1・5度上昇に抑えるためには、ロックダウン時に強制的に実現した削減量を「毎年」継続しなくてはならないが、経済がストップし、移動も制限された状況を思い起こすと既に黄色から赤信号に近いといえる。

②エネルギー成長の新たな主役
：非OECD諸国や、データセンター需要等で3倍増になる電力

一次エネルギー消費量で見ると、後退シナリオにおいて現在から2050年にかけて必要となる総エネルギーは26%増加すると見込まれるが、地域別の内訳で見るとOECD諸国は微減であり、中国・インドを含む非OECD諸国による伸びが大半を占めるようにな

図表1-5　地域別のエネルギー増減を見ると、一次エネルギーの増分はインド、ASEAN、アフリカ、中東などの非OECD諸国によりもたらされる

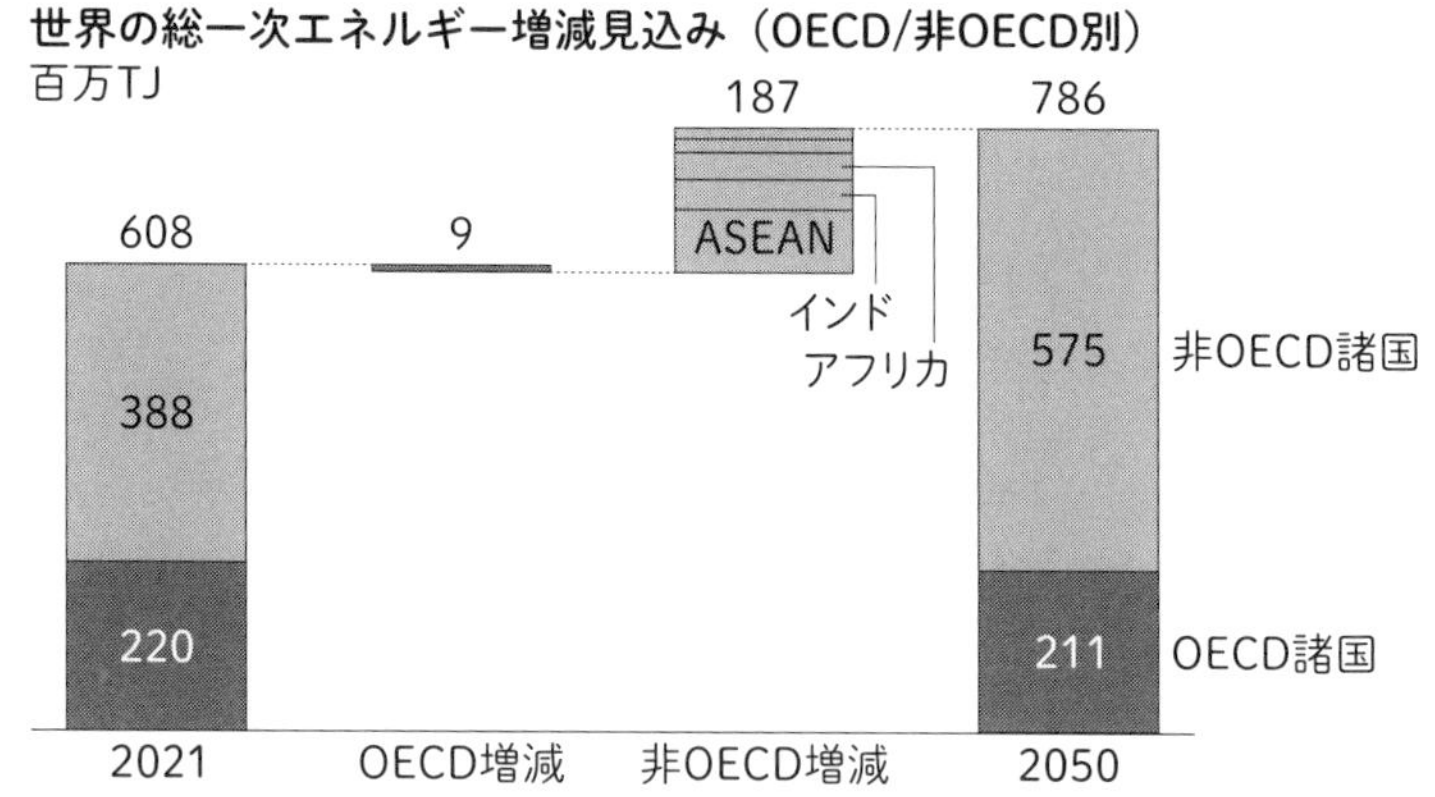

出所：McKinsey

る。これは多くの人口を有する非OECD諸国において中産階級の強い成長が見込まれることと、産業設備の増強がこれらの国にて行われる割合が多くなることが背景にある。一方で欧州等OECD諸国では電化に向けた投資（EVやヒートポンプや水素電解需要）の立ち上がりが遅れるか小さくなることにより、世界全体に占めるシェアが小さくなる（図表1－5）。

次に需要セクター別での増加の内訳を見てみたい。図表1－6の右図で、とりわけ太い線で目立っているのが本書の中心テーマとなる電力需要である。電化と生活水準の向上に伴い強化シナリオだけでなく、どのシナリオでも、電力需要が大幅に伸びることが予

図表1-6 電化に加えて新たな需要センター（データセンター、水素製造など）の出現により、電力消費は劇的に増加する

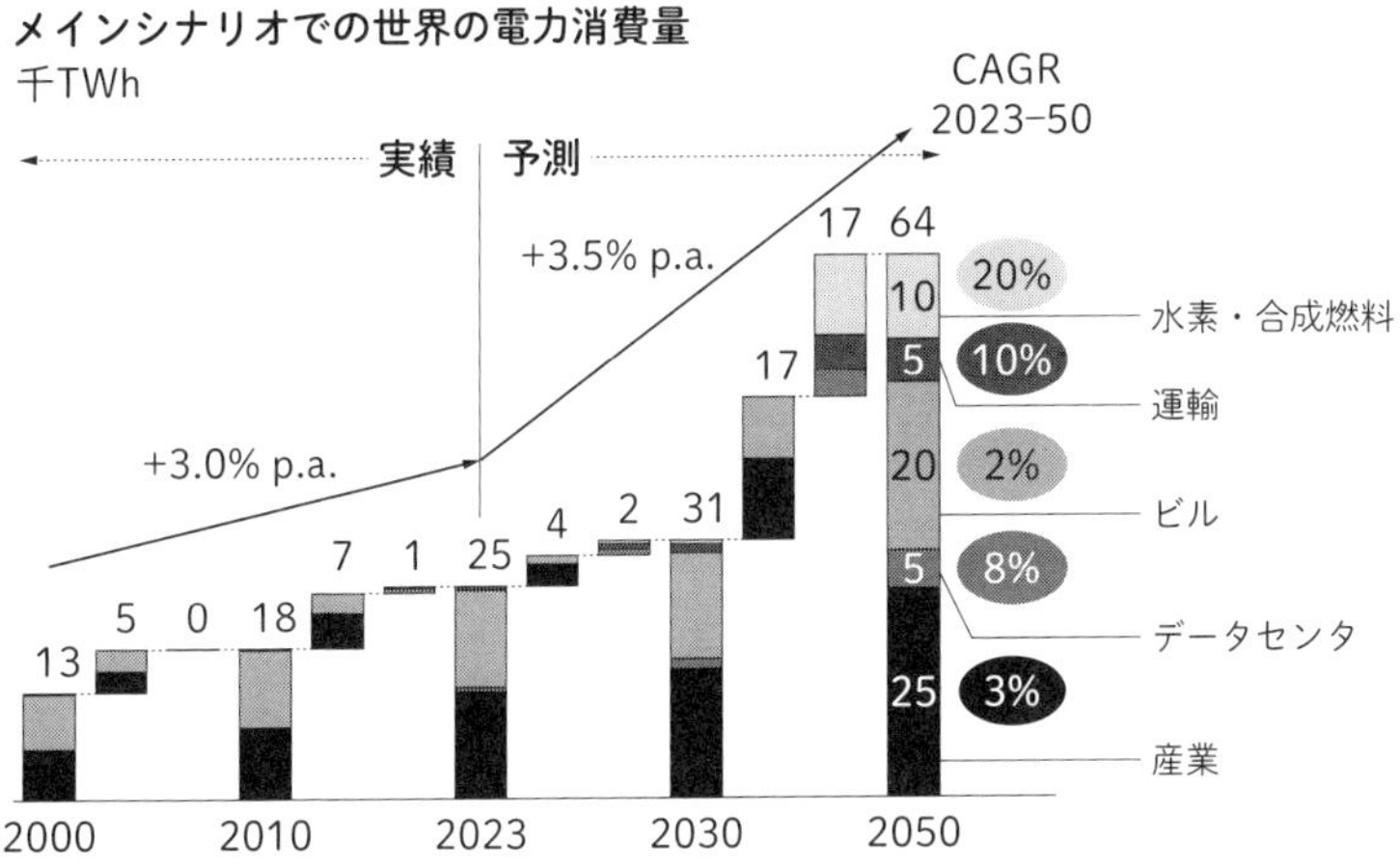

179
百万トン/年、2050年の世界全体のグリーン水素需要（現在は100万トン/年未満、2030年には500万トン/年）

99%
2050年までの世界の乗用車販売に占めるバッテリー電気自動車のシェア（現在の13%から2030年には71%に増加）

150
2030年の世界のデータセンター向けGPUのGW容量

出所：マッキンゼー・エネルギー・ソリューションズによる世界のエネルギー展望2024、IRENA、IEA

想されている。電力消費量は２０２３年の25ＴＷｈ（テラワットアワー）に対し、後退シナリオでも２０５０年に52ＴＷｈと2倍、強化シナリオでは70ＴＷｈと3倍近く増加することが見込まれる。

２０２３年時点で、電力利用が多いのは産業（13ＴＷｈ）と建築（11ＴＷｈ）だが、ＥＶの普及進展により輸送部門でも電化が進んでいく。特徴的なのは、水素と合成燃料が増加することだ。余剰電気を捨てずに水素の形で貯蔵したり、水素そのものをエネルギー源として使ったりするためである。

特に着目すべきがデジタル化に関連する需要成長である。クラウドソリューション、暗号通貨、ＡＩの発展によって推進されるデータセンターの増加は電力需要を大きく押し上げ、24時間３６５日一定のベースロード需要は２０５０年までに２・５〜４・５ＧＷｈに達すると予想される（２０５０年の総需要の５〜10％）。この需要押し上げ要因としてはデータ処理の複雑性やリアルタイム性のさらなる高まり、ラック電力密度の向上・機器寿命の短命化などが存在することだ。一方で短中期的に課題となりうるのがグリーン電源の不足や設備投資のボトルネック（サプライチェーンや建設人員の不足）である。一般に10年単位で物事が計画・実行される電源投資や系統増強に対し、データセンターニーズはまるで異なる時間軸での立ち上げが求められ、グリーン電源以外の早期供給開始可能な選択肢も短期的には模索されている。

またこれに伴い、B2B向けの電力供給およびサービス製品におけるプロフィットプール（EBIT：利払い前・税引き前利益）は、2024年から2035年にかけて2倍に増加すると予測される成長の早い市場セグメントとなる。背景には、B2BのEBITプールにおいては、「オフサイト型」の標準的な供給から、「オンサイト型」ソリューション（主にソーラーパネル、EV充電、オンサイトバッテリー、エネルギー管理ソフトウェア）への大きな移行が存在し、特に再生可能エネルギーの進展に伴い推進されるPPAや、エネルギー管理ソフトウェアのバリュープールもバッテリー、EV充電、需要側応答（DSR）などの製品の開発が寄与する。省エネ機器においても技術革新への継続的な注力により、2035年までにバリュープール内で約45%の安定したシェアを維持すると見られ、成長市場として有望である（図表1－7）。

③化石燃料需要は底堅く、エネルギー転換においても主要な役割が継続する

次いで供給側に目を向けたい。世界のエネルギーシステムは、燃料とセクター全体にわたって、現状の化石燃料（石油・石炭・ガス）依存から、グリーン電力の活用へと大きく変化していく方向にある。しかし、依然として化石燃料の利用も継続され、化石燃料の総

図表1-7 電力供給と省エネのバリュープールの双方で多くの機器の普及・促進が想定される

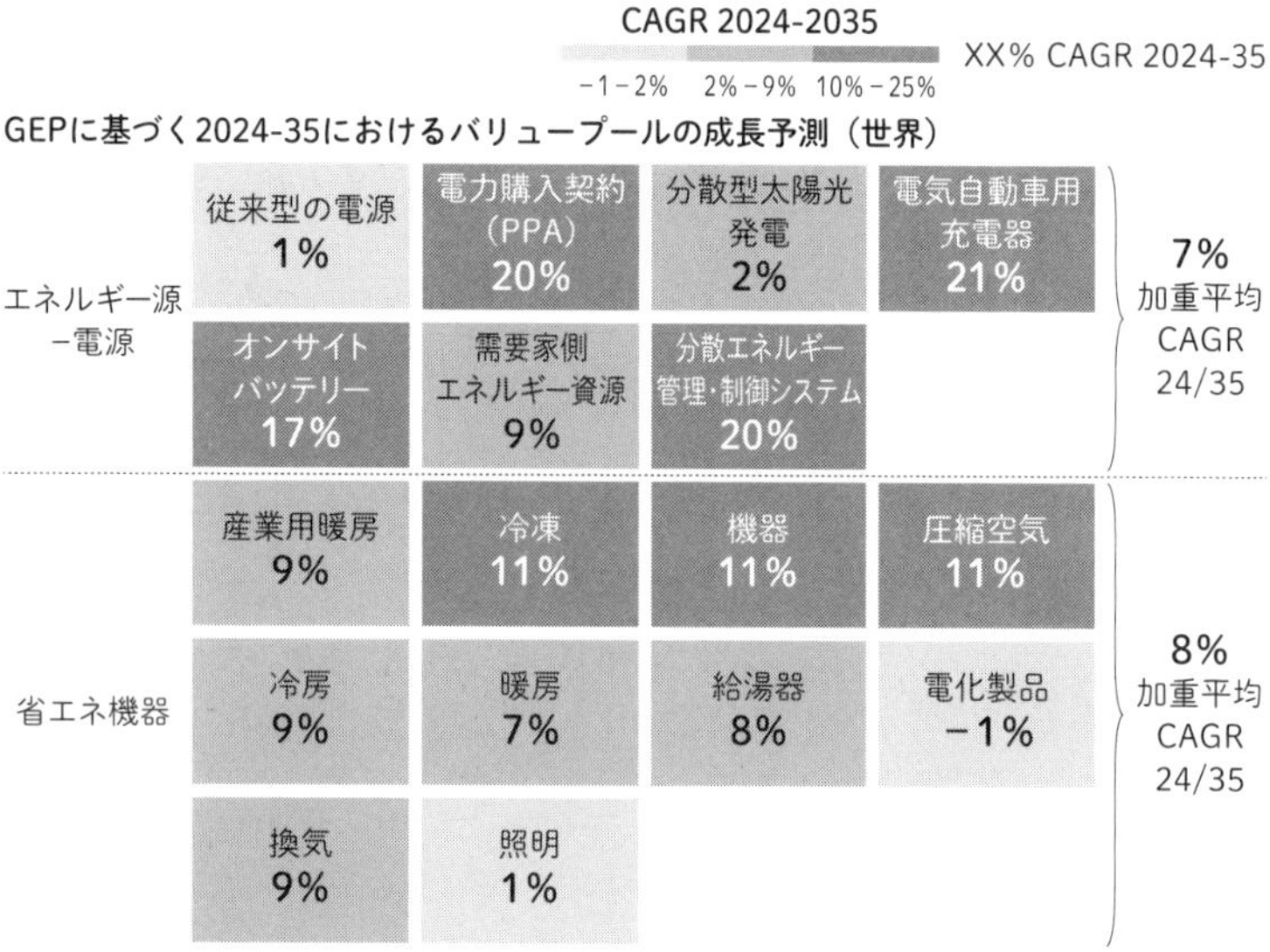

−1‑2%　2%‑9%　10%‑25%　XX% CAGR 2024-35

エネルギー源－電源	従来型の電源 1%	電力購入契約（PPA） 20%	分散型太陽光発電 2%	電気自動車用充電器 21%
	オンサイトバッテリー 17%	需要家側エネルギー資源 9%	分散エネルギー管理・制御システム 20%	

7% 加重平均 CAGR 24/35

省エネ機器	産業用暖房 9%	冷凍 11%	機器 11%	圧縮空気 11%
	冷房 9%	暖房 7%	給湯器 8%	電化製品 −1%
	換気 9%	照明 1%		

8% 加重平均 CAGR 24/35

出所：McKinsey

需要は当初想定されていたほど低減しないことが想定される（図表1－8）。

石油　ピークは2035年

石油の需要はコロナ禍の影響から短期的に回復したが、1日約102百万バレルをピークに、今後2〜5年で減少に転じると予想されてきた。その主な要因は、既に開発が進んでいる電気自動車（EV）の採用が増え、道路輸送における需要が減っていくことが前提にあり、特に、2030年以降はかなりのペースで減少していく想定であ

図表1-8 世界的な化石燃料の需要: 石炭の大幅な減少により、化石燃料の需要は202Xまでにピークを迎える

石炭需要は下降傾向が続くと予想される一方で、石油需要は2024年から2027年にピークを迎えると考えられる

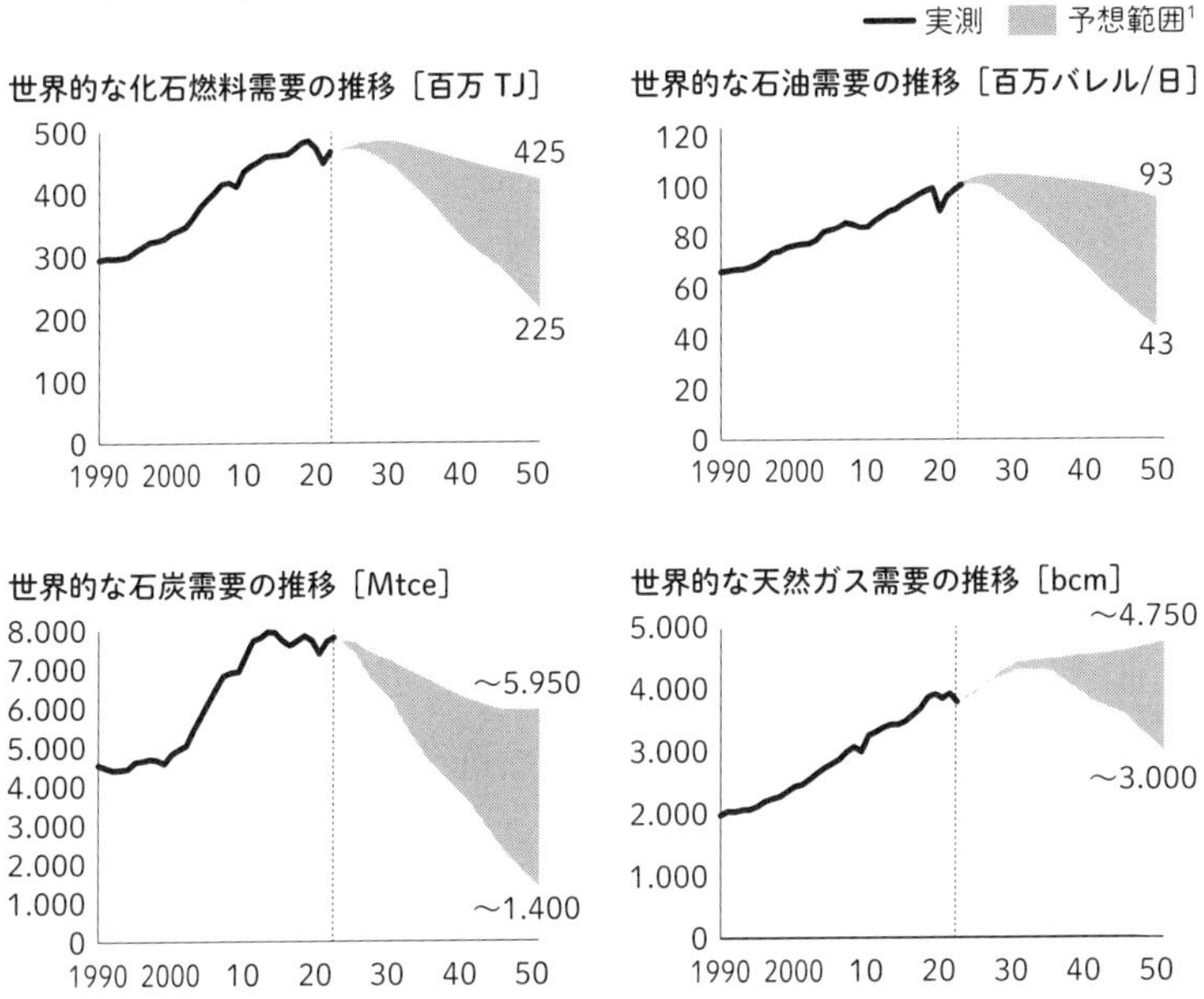

1. 1.5℃目標達成シナリオと後退シナリオの間のレンジ
出所：マッキンゼー・エネルギー・インサイト 世界のエネルギー展望 2024

る。一方で最近の記録的な石油需要レベルは短期的に継続すると予想され、短期的な石油需要は1日当たり102〜108百万バレルに押し上げられ、電化の遅れにより石油需要の停滞が2035年まで延期されるため、システム内にとどまる期間が長くなる可能性が高い。

化学品や航空での成長も見込まれるがそのペースも遅くなる可能性がある。例えば、エチレンはこれまで原油を精製して製造していたが、天然ガスを原料として使うことも可能である。天然ガスは使い勝手が向上し、世界中に流通するようになっているため、今後は原材料の転換が一層進むと考えられる。

現実問題として、近い将来、車がすべてEV化したり、ジェット燃料がすべてSAF（サステナブル燃料）に転換したりすることは考えにくい。また、石油の用途は燃料に限られているわけではない。プラスチック、ゴム、アスファルトなどの原材料として石油の利用は今後も続くと思われる。このような状況下においては、我々のシナリオのうち最も脱炭素ペースが遅いシナリオにおいても、上流における新規の石油開発投資がなされないと今後の需要が満たせなくなる。

石炭　世界中で減少傾向にあるが需要の底堅さも継続する

世界の石炭需要のピークは2013年であり、その後、コロナ禍の影響で短期的には上向いたが、今後10年間で約20％の減少が予想される。電力および産業セクターでは規制や脱炭素コストを加味した経済的理由による段階的な廃止により、2050年頃には現在の3分の2になるだろう。

石炭火力発電は世界中で減らす方向にあるが、電力需要が高まっている中で、石炭の需要は過去数年間のガス価格高騰により、短期から中期的には引き続き堅調に推移している。日本では今後、非効率石炭火力の退出が2030年を期限として掲げられているが安定供給に欠かせない状況にあり、対応を迫られている。

ガス　低炭素燃料の位置づけとしての地位を維持

エネルギー構成におけるガスのシェアは徐々に増加している。ガスは幅広い分野や用途で活用できるため、化石燃料からの移行プロセス全体で、極めて重要な役割を果たす。特に、2030年以降は、建物や産業における脱炭素化の圧力の高まりにより、石油からガスへのシフトが見込まれる。このため、ガス需要はすべてのシナリオにおいて、今後10年は現在よりも10～20％増加していくことが予想されている。その一方で、需要のピークは2035年頃であり、需要成長のエンジン役は、中国から東南アジアへと移っていく。2035年以降のガス需要は、特に水素の利活用の進展にも左右されるため、かなり不透明だ。しかし、日本をはじめアジア地域では、それ以降も一定程度のガスの利用は続くだろう。

ところで、天然ガスは石油や石炭よりも少ないとはいえ、CO_2を排出するため、脱炭素化の動きにそぐわないといった否定的な見方をされてきた。しかし、日本はガス火力の必要性を世界に説明し続け、現実的なトランジション燃料として脱炭素と整合した価値を訴求してきた。ウクライナ紛争をきっかけに世界中でLNGの奪い合いが起き、そのような悪者扱いされていた状況は変わりつつある。しかし、依然として大規模な上流投資や、それを実現するための長期契約のあり方、オフテイカーへの支援など、解くべき論点は多い。

再エネの導入促進の観点でも、ガスの重要性は非常に高い。再エネは発電量の変動が激しく、急激に減った時にすぐに対応するためにガス発電設備によるバックアップと親和性が非常に高い。

ただし残念ながら、現時点でガス上流部門への投資はＩＥＡのネットゼロ想定と比べても不足している。依然として根強いガスの投資に対する海外金融機関のスタンスや不確実性も相まって、需要家も長期買取契約の締結を進めることができず、結果として上流開発への投資も生まれづらい悪循環に陥っている。

④新しい技術・燃料（水素、合成燃料、ＣＣＳ／ＣＣＵＳ、ＳＡＦ）が直面する壁

１・５度は達成できない現状維持や強化シナリオであっても、想定した気温上昇幅を実現するためには、エネルギー技術の大規模な変革が必要となる。水素やＣＣＳおよびバッテリーなど新たなテクノロジー開発を進めるためには多額の投資が求められる。これまで世界で脱炭素に関し数多くの投資の発表がなされてきたが、実際に最終投資判断決定された案件はそのうち10数％の間にとどまっている。発電の脱炭素（陸上／洋上風力や太陽光）については２０３０年までに最終投資判断が下される見込みのものまで含めると50％を超える件が該当し比較的高いが、需要家側の脱炭素技術（ＥＶやヒートポンプやＣＣＳ）については半分に満たない。最も割合が低いのがグリーン燃料の製造に関わる案件（水素、サステナブル燃料）であり、その比率は20％未満にとどまる。

２０５０年までに必要と想定される脱炭素技術の導入量に対して、これら脱炭素技術が現状どれだけ進んでいるかを前述の現状維持シナリオと比較したのが図表１－９であるが、総量として見ても総じて10％程度にとどまる状況であり、まだ大幅なギャップが存在する。

図表1-9 2050年に向けた低炭素技術の現状導入率は10%未満にとどまる

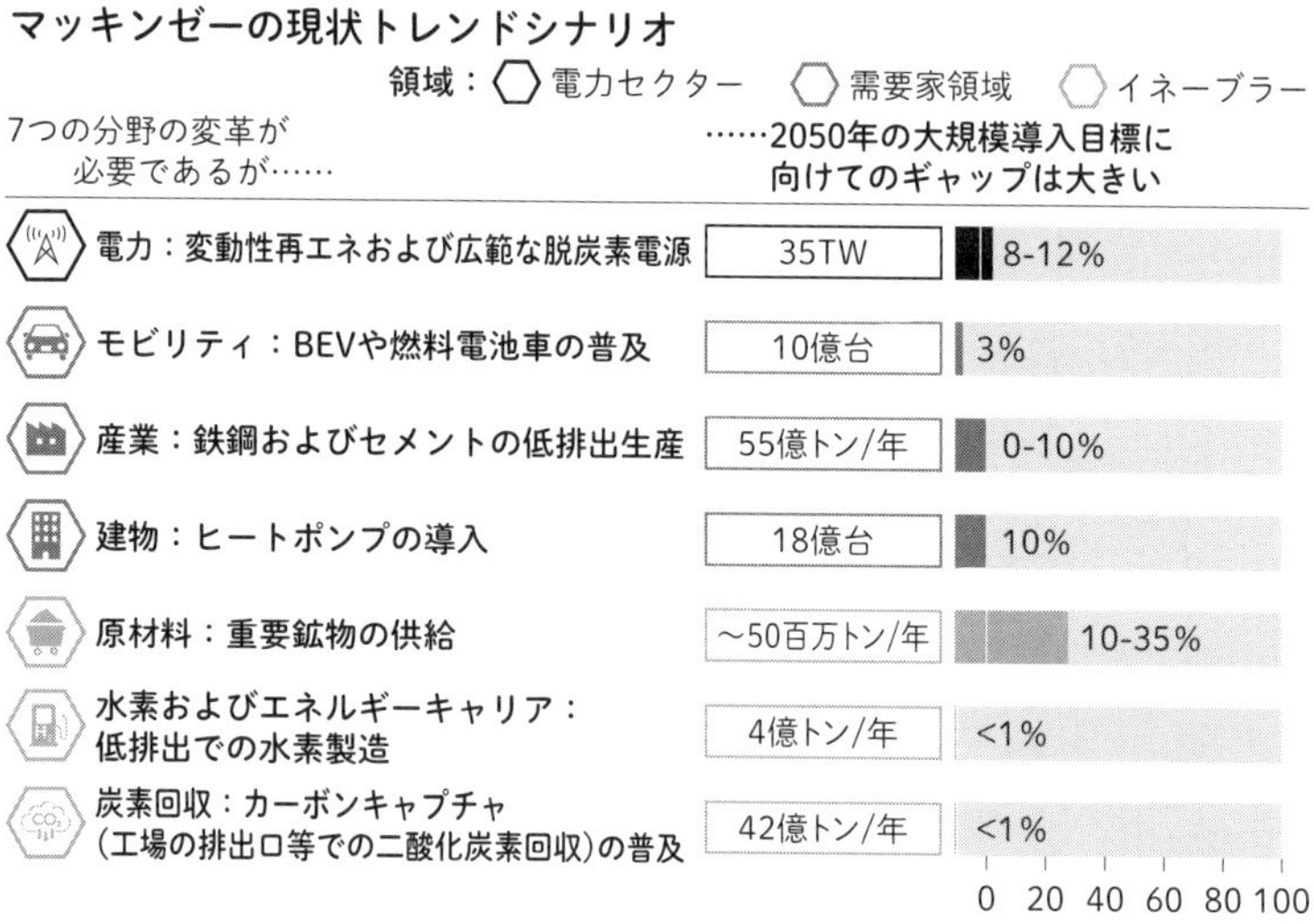

出所：McKinsey

以下では技術革新や商用化が求められる水素、合成燃料、CCS／CCUS、サステナブル燃料に関してその直近での状況を見ていきたい。

水素
脱炭素のプレミアソリューション

水素の利活用は近年、世界的に注目されているテーマである。現在、用いられている水素はほぼすべて、いわゆるグレー水素（化石燃料を用いて生産）であるが昨今再エネ電力由来のグリーン水素に期待が集まった。特に、CO_2排出量削減が困難なセクターにおいては相対的に割高となる水素の活用が合理的な選択肢となる。

その一つが、化学品産業である。高温での熱分解など多大なエネルギーを必要とするため、どのシナリオであっても、2035年までに水素の最大の消費者となる。また、強化シナリオでは、航空・海事、新産業セグメントにおいても水素エネルギー需要が高まっていき、2050年までに化学品の需要を上回ることを想定している。

水素を活用した火力発電は発電単価が高いためシステム全体のコスト低減に寄与する場合で導入がなされることになる。

水素が安価になれば活用領域が広がるという指摘もある。実際に水素の価格が現状の2分の1や3分の1に低減すれば、トラック、乗用車などに広がっていく可能性はある。しかし、水素は必ずしも万能のソリューションではなく輸送も含めてさらなる技術革新が必要であり、領域を選んで適用すべきものとなる。

合成燃料　既存のインフラが活かせるメリット

合成燃料は、既存の内燃機関や航空、海運などの輸送インフラに適合しており、脱炭素投資の大きなウェイトを占める大規模なインフラ転換を必要とせず、長距離輸送と貯蔵が容易である。液体や気体として長期間保存が可能で、エネルギー供給の柔軟性を高めることができるという点で、電化が進む中で、全体のシステムコストを最適化するのに有望な手段である。

一方で合成燃料の製造には、再生可能エネルギーを用いた水素製造（グリーン水素）やCO_2の捕集が必要であり、現在の技術では高コストであることや、合成燃料の生成までのプロセスはエネルギー集約型で電力を直接利用するよりも効率が低いことは構造的な課題として残り続ける。結果、単体のエネルギーコストでなく、エネルギーシステム全体のコストを最小化する視点での議論が導入においては重要となる。

CCS／CCUS　引き算の発想での排出問題への対応

CO_2の排出削減が難しいのであれば、排出分を吸収すればよいという発想で、研究開発されてきた技術である。特に化石燃料が引き続き重要な役割を果たしている火力発電や重工業の脱炭素化を実現するためには、CCS／CCUS（CO_2の回収・貯留、再利用）技術の活用が不可欠である。

CO_2は、空気中から直接回収する取り組みなどもあるが、最も技術開発が進んでいるのは発電所での排出分を回収する場合である。発電所からは局所的にまとまった量のCO_2が排出されるため、実用化レベルのコストになることが期待されている。

回収した炭素の貯留に適しているのは地中に空洞構造がある場所である。天然ガスの採掘後に空洞が残るため、タイやベトナムなどガス産出国では新たな貯留ビジネスに対して期待が高まっている。日本でも北海道の苫小牧、新潟県の長岡などで実証実験が行われている。

世界的に見るとCCUSの需要はセメント、鉄鋼、電力、ブルー水素目的が全体の80％以上を占める。これらのレベルの隔離を達成するためのCCUSの導入には、規制上のインセンティブ、技術の進歩、経済的実現可能性、代替の脱炭素化技術との相互作用などの要因に影響される高い不確実性を伴う。

こと電力については、CCUSは特に送電網の制約や最適な用地の不足により、再生可能エネルギーが導入困難な地域における電力の脱炭素化に大きな役割を果たす可能性があり、石炭やガス火力の座礁資産化を防ぐソリューションとなる。

ただし、我々のシミュレーションでは、2050年までに2～4ギガトンのCO_2を回収する必要があり、これを実現するためには、現在取り組んでいるさまざまな案件を大幅に加速させなくてはならない。

SAF（サステナブル燃料）内燃機関の最大活用

世界が2030年の脱炭素化目標を達成するためには、SAF（サステナブル燃料）を活用することが極めて重要となる。あらゆるシナリオにおいて、持続可能な燃料は、航空、海運、運輸などでの炭素削減が難しい部門を含む輸送部門でますます重要な役割を果たすことが予想される。ＳＡＦを自動車に使うことで、ＥＶに匹敵するレベルの排出量削減を実現することができる。

脱炭素化に対する持続可能な燃料の長期的な貢献は、各国の規制や航空・海運などの自主目標がどの程度積極的に補助金、義務、税額控除を検討するのか、および技術の進歩によって左右されると考えられる。２０３０年までの持続可能な燃料の導入は主に、すでに提案されている規制によって推進され、その後各国のネットゼロへの積極性のレベルに応じて、２０５０年までに持続可能な燃料の需要は最大１９０万トンから最大６００万トン（目標達成シナリオ）になる可能性がある。シナリオ間の変動は主に、航空、海事、化学などの成熟していない市場によって左右されることとなる。

短期的（２０３０年まで）には、持続可能な燃料の普及は、すでに提案されている規制によって推進されうる。持続可能な燃料の脱炭素化への長期的な貢献は、将来の規制（補助金、義務化、税額控除を含む）と技術の進歩によって形成される。これら規制は地域によって異なり、ブラジル、インド、インドネシア、米国では、ブラジルとインドでのフレックス燃料車の導入やインドネシアなどでのケースに牽引され、２０３０年までに需要が30～40％増加すると予測される地元の農業産業の支援に重点を置いた強力な規制支援が行われている。

原料の入手可能性は、持続可能な燃料にとって重要なボトルネックとなりうる。カリナタやリグノセルロース廃棄物を被覆作物として使うなど、新しい原料を準備することは、増大する需要に対応するために、早ければ2030年より速いシナリオで必要になる。廃油の利用可能性が限られているため、食用油、合成燃料、および新しい経路（ガス化―フィッシャートロプシュまたはエタノールからジェットを含む）の役割は、2040年以降にかなり大きくなる。新たな転換経路をめぐる技術開発は、生産コストの低下とともに、持続可能な燃料の取り込みを通じて脱炭素化の主要な実現要因として機能する可能性がある。

⑤脱炭素は現実的にはコスト増につながる

脱炭素に必要となるコストについては、目指す脱炭素の割合とその時間軸に沿って議論することが必要となる。費用対効果を高く一定量の炭素を削減するためのコストについては、限界費用逓減曲線（通称CO_2コストカーブ）の考え方を取り入れることが重要となる（詳細は第3章にて討議）。

図表1－10は、現状の投資水準と、その手前の2040年までにどのくらい投資が必要

になるかを面積で表したものだ。2021年と2040年を比べると、1・5兆ドルから2・5兆ドルへと、全体の面積が約2倍になっている。つまり、年間エネルギー関連の投資額が倍増する。

特に目立つのが、送配電であり、縦にも横にも拡大している。現状の投資額は総エネルギー投資の20％にすぎないが、2040年には37％と、約2倍の拡大が見込まれる。「はじめに」でも言及した通り、再エネを導入すればするほど、既存の送配電網を増強したり、遠隔地からの送電を新設したりする必要性が出てくるからだ。また、石油、ガス、石炭を合わせると、2021年は全体の39％だが、2040年には14％と縮小する。ただし、全体が拡大しているため投資が引き続き行われる。

以上、ここまで様々なエネルギーの現状を取り上げてきたが、整理すると、世界のエネルギーシステムは現在から2050年まで、燃料とセクター全体にわたって、現状の化石燃料依存から、グリーン電力の活用へと大きく変化していく。変革のサポート役としてサステナブル燃料やCCS、水素が活用されるが、依然として化石燃料の利用は継続され、化石燃料の総需要は思ったほど低減しないだろう。

ここから得られる電力業界にとっての示唆としては、業界が長期的には縮小する石油に対して、今後の脱炭素のスピードによらず電力はあらゆるエネルギー手段の中でも強力な成長を遂げる領域にあることである。そこでは電力インフラそのものだけでなく、その川

図表1-10 2040年に向けてエネルギー関連投資は大幅増加が必要
（世界のエネルギー関連投資費用）

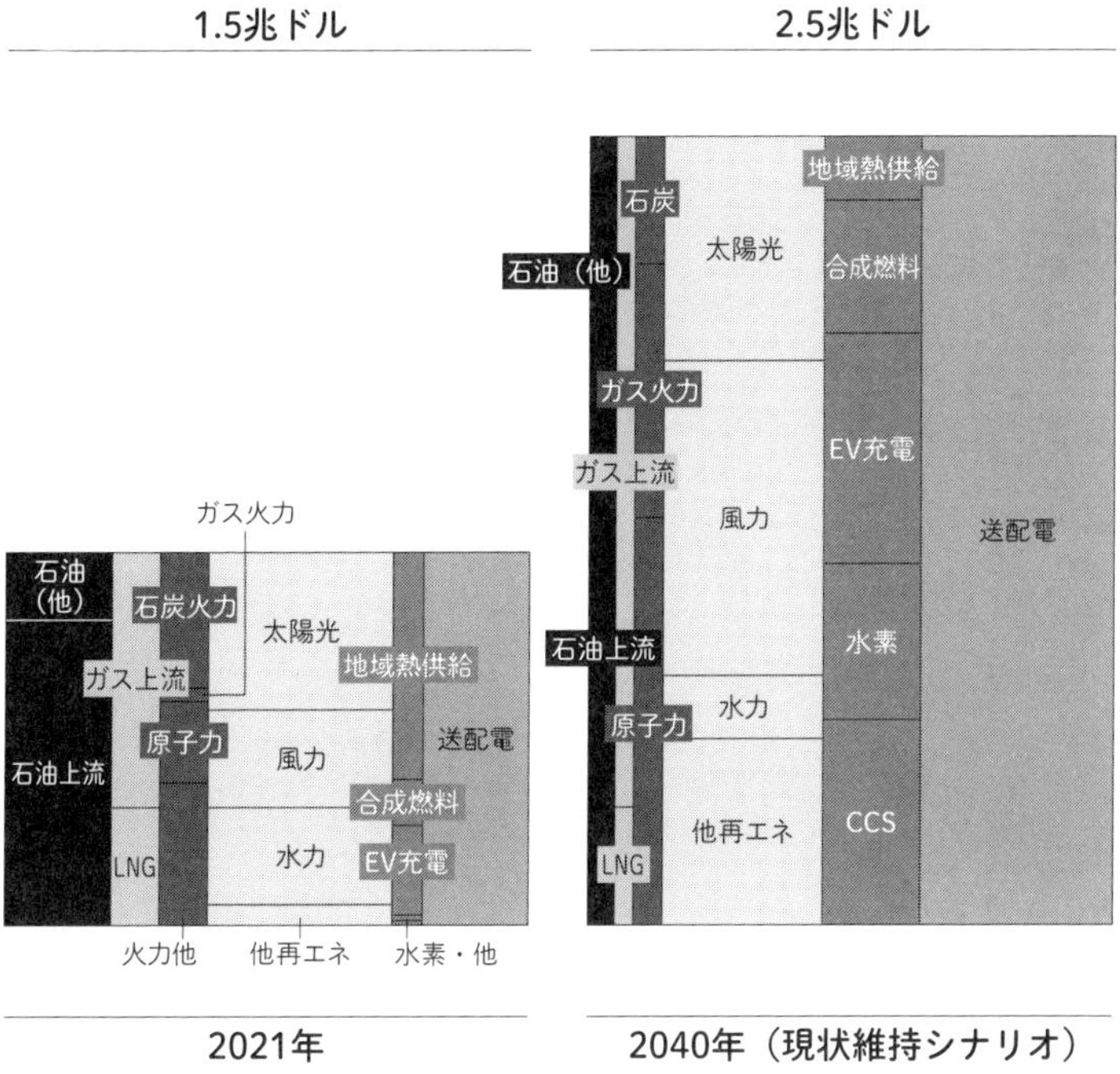

出所：McKinsey

上（資源）や川下（需要側の使用機器）に巨大な投資がタイミングをうまく連携しながら注ぎ込まれる領域となり、技術革新の面でもイノベーションと共に新たに大きなエコシステムが形成されることとなるだろう。一方で、電力にかかる期待やプレッシャーも大きくなる。特にデータセンターの例で顕著なように、企業や個人が経済活動や日常生活を進展させていく上で電力インフラが準備できていない状況は容易に想定される。また、ある国における脱炭素やデジタル変革・産業高度化のボトルネックになっているとして電力業界がやり玉にあげられることも想定される。これを脅威のみならず機会と捉える考え方のテーマは第5章で扱いつつ、次の章では世界の地域別に、本章で見たマクロの状況がどのように異なるのか、その中での日本の立ち位置はどのようになっているかを見ていきたい。

コラム

水素の利活用にはどれだけ現実性があるのか？

脱炭素において重要性が大きく、かつ、近年注目を集めているテーマが水素の利活用である。日本では30年にわたって世界に先駆けてこのテーマを検討してきたが、世界的には近年注目度が上がっている。実際に投資が決まった案件数を見ると、そこまで多くはなく、事業採算が厳しい向かい風のニュースも多いが水素利活用の現実性について考えてみたい。

基本的な前提として、水素そのものは一般的に自然界にそのまま存在するわけではない。化石燃料を高温で分解・改質するなど、何らかの一次エネルギーを転換・加工して作り出す必要がある。したがって、水素の利活用では、一次エネルギーのコストよりも高くなることが宿命づけられている。

水素はその生産方法によって、グレー、ブルー、グリーン、ピンク等という色分けがされてきた。このうち電力を用いて水を電気分解して取り出すグリーン水素が近年脚光を浴びている。再エネの大幅なコストダウンとともに、電解装置の大量生産によるコストダウンがその理由だが、近年のインフレによるコスト増に直面しているものの、想定通りその用途が大きく広がり得る。

水素の用途について、脱炭素化を必達ゴールとして、既存の化石燃料の利用をゼロにしようとすると、水素以外の代替手段がほとんどない領域がいくつか存在する。例えば、高温の熱源を必要とする鉄鋼や化学品などである。このため、代替手段に乏しく、かつプレミアムコストをかけても採算がとれる事業で、水素導入が進んでいくと、水素価格1立方メートル当たり30円程度の前提で、2050年の国際レベルにおける水素の生産と消費の流通をシミュレーションしたものが図表1－11である。脱炭素制約が強く課される世においては究極的に水素派生物を含め一大トレードフローが形成されうる。

図表1-11 **水素並びに水素派生物の2050年における国際／長距離トレードフロー（～250 Mtpa H_2相当の流通が想定される）**

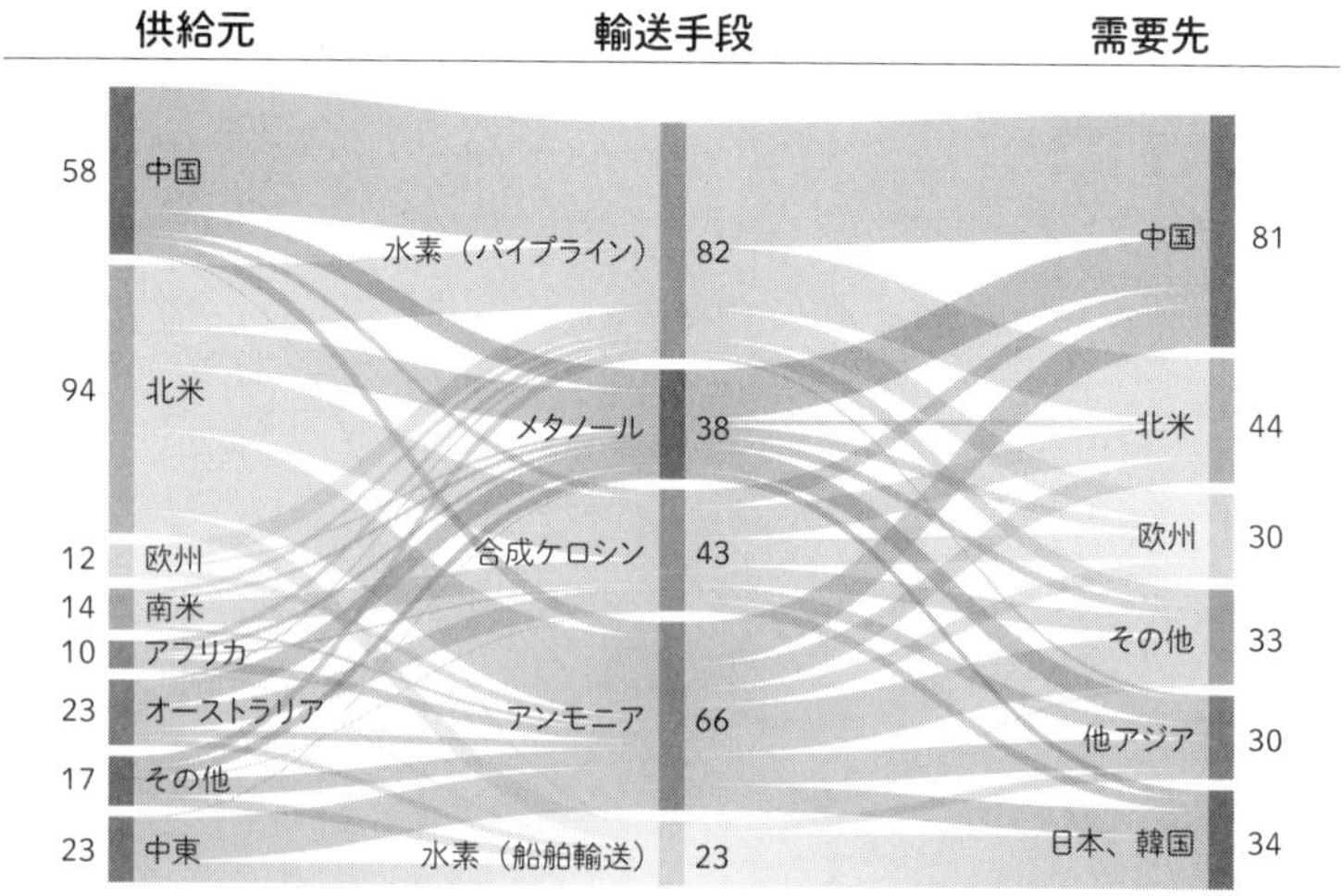

出所：マッキンゼーグローバル水素フローモデル

需要のアプリケーション別での水素の競争力はどうだろうか。図表1―12は、横軸は既存手段に対するコスト競争力を、縦軸は全脱炭素技術に対するコスト競争力である。

右上の領域は、既存および他低炭素手段を含めて水素が最も安価な選択肢となる。例えば、トラック・バスの大型車両はガソリンから水素に替えることにより、現在よりも安価に脱炭素化が可能になる。左上の領域は、既存より高価だが他低炭素手段の中で水素が最も安価でありコスト

図表1-12 水素の代替手段に対するコスト競争力比較

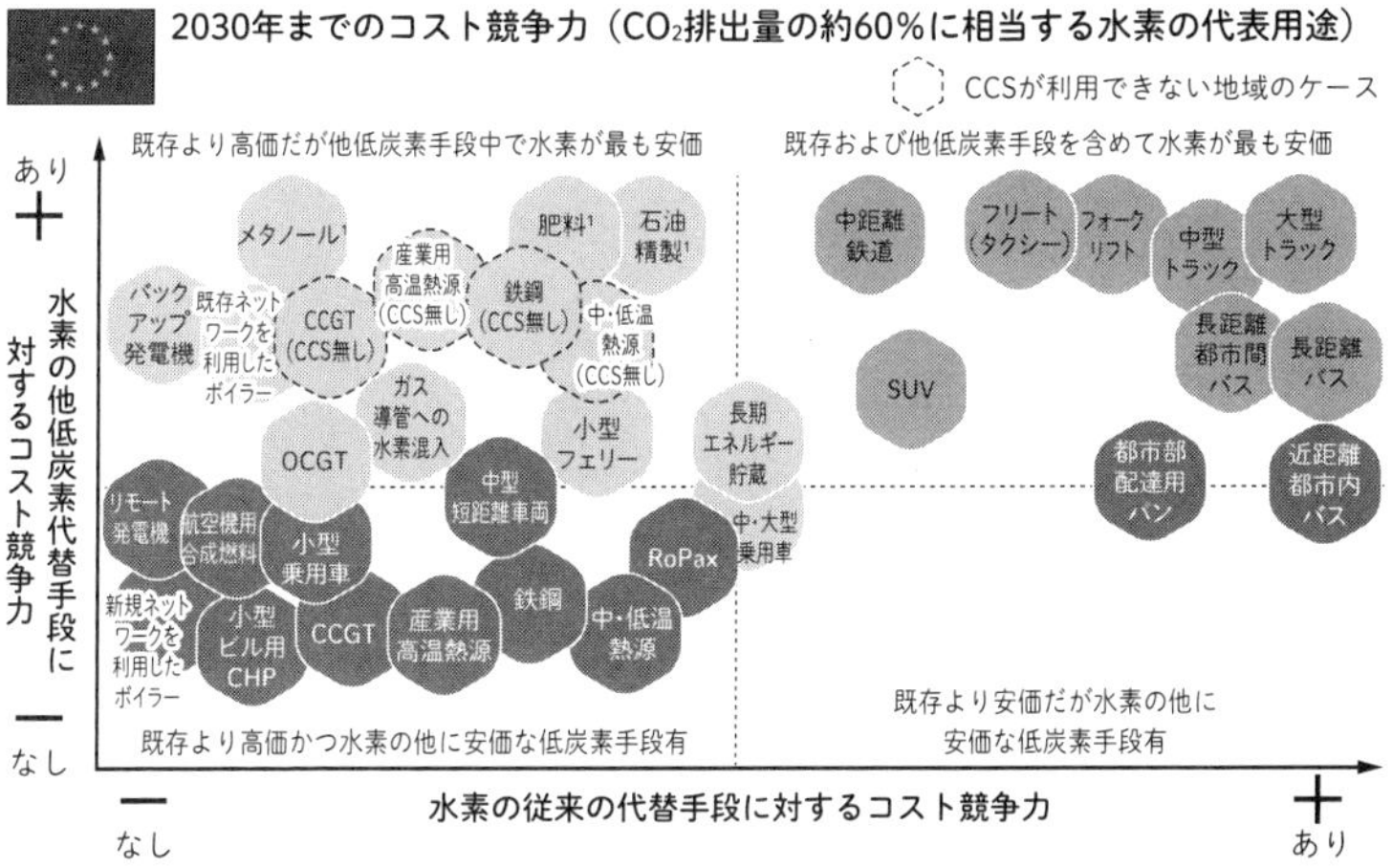

1. クリーンな水素が唯一の代替手段
2021年時点での将来推計に基づく分析

出所：McKinsey

アップを許容しなければならない鉄の精錬や化学反応用の熱利用などが該当する。

議論を呼びそうなのが、火力発電への適用についてである。水素の導入が進むかどうかは、今後のガス価格の推移にも左右される。仮にウクライナ紛争前後のガス価格が維持された場合、それと等価で発電を行うために必要な水素の価格は1立方メートル当たり5円と極めて低くなる。これは、将来的に水素が最も安く生産できると期待されているチリや中東で、太陽光や風力を大規模に稼働させて、水素のみを生産した場合のコストにほぼ等しい。一方、利用先を日本として輸送コストを加算すると、このレベルの水素の生産コストでも採算をとるのは難しい。

しかしながら火力発電への水素の適用は無意味ということにはならない。特に、再エネの利用量が発電量全体の5割を超えてくると、いざという時のバックアップ用に蓄電池の必要量が指数的に増加する。特に悪天候時にはバックアップが必須だが、蓄電池だけでは限界もある。例えば、これまでに日本を襲った台風で最も長く悪天候が続いたのは、西向きに逆走した2021年の台風8号である。このときは太陽光や風力が広い範囲で発電できない期間が1週間も続いたが、これをすべて蓄電池で賄うのは非現実的である。変動に対応して柔軟に発電量を調整できる水素火力を一定割合で電源ポートフォリオに組み込んでおくことは、システム全体のトータルコストを抑制する面では非常に利点が大きい。

ピンク水素（原子力由来の水素製造）についても言及しておきたい。まだ商用化レベルのコストではないものの、安定的かつ大規模な低炭素水素の供給源として有望視されている。特にイギリスでは、原子力発電所を活用したピンク水素製造が脱炭素化戦略の一環として推進されており、既存の原子力インフラを最大限活用することでコスト効率の向上を目指している。日本でも、資金の海外流出につながる輸入水素に替わる安定したエネルギー供給とエネルギー安全保障の強化に貢献する可能性があり、日本における脱炭素化の鍵となる可能性を秘めている。

このように、水素はあらゆる領域で脱炭素化を実現できる魔法の杖ではないものの、固有の制約条件の下、または用途によっては、必要不可欠な手段であるといえる（このコラムでは議論をシンプルにするために、水素に絞って取り上げたが、水素から派生して作られるアンモニアやその他の合成燃料についても同じ議論となる）。

第2章

新しい
グローバルゲームと
日本のポジション

本章のポイント

- 各国のエネルギー政策は「4E」へと移行(環境適合性、経済性、安全保障+産業競争力)
- インフラ整備・サプライチェーン強化・制度設計の巧拙が円滑な移行を左右
- 国益を追求した各国の戦略:米国(エネルギー産業投資強化)、欧州(再エネ戦略からの包括的アプローチ)、中国(グリーンテックリーダー)、日本(テクノロジーによる高コスト多制約対応)

これまでは世界が同じ方向に一様に進むように見えていたエネルギー業界だが、足元では、混乱の只中に突如として放り込まれ、各国の人々の暮らしやビジネスを揺るがしかねない状況にある。この章では、２０２０年以降に顕在化した電力業界におけるひずみを中心に取り上げ、世界や日本における今後の脱炭素やエネルギー転換の進め方を考えるための前提条件について考察したい。

エネルギーをめぐるトリレンマ（３Ｅ）

日本のエネルギー政策でおなじみの「Ｓ＋３Ｅ」の概念は、安全性（Safety）を大前提として、安定供給（Energy Security）、経済効率性（Economic Efficiency）、環境適合性（Environment）を同時に実現することを目指すフレームワークである（図表２－１）。

これまで欧州各国はどちらかというと、経済効率性を偏重してきた。資源や電力は市場で取引すべきであり、あらゆる事業で経済性を求めてきた。これに対して、日本などは安定供給を重視し、ＬＮＧ取引を長期固定契約にするなど市場価格の乱高下に巻き込まれずに一定量を確保すべく腐心してきた。このように、３要素の重み付けは各国の置かれている立場やその時々の状況によって変わるが、バランスをとることが極めて重要になる。１

図表2-1 エネルギー戦略を考える上での3E

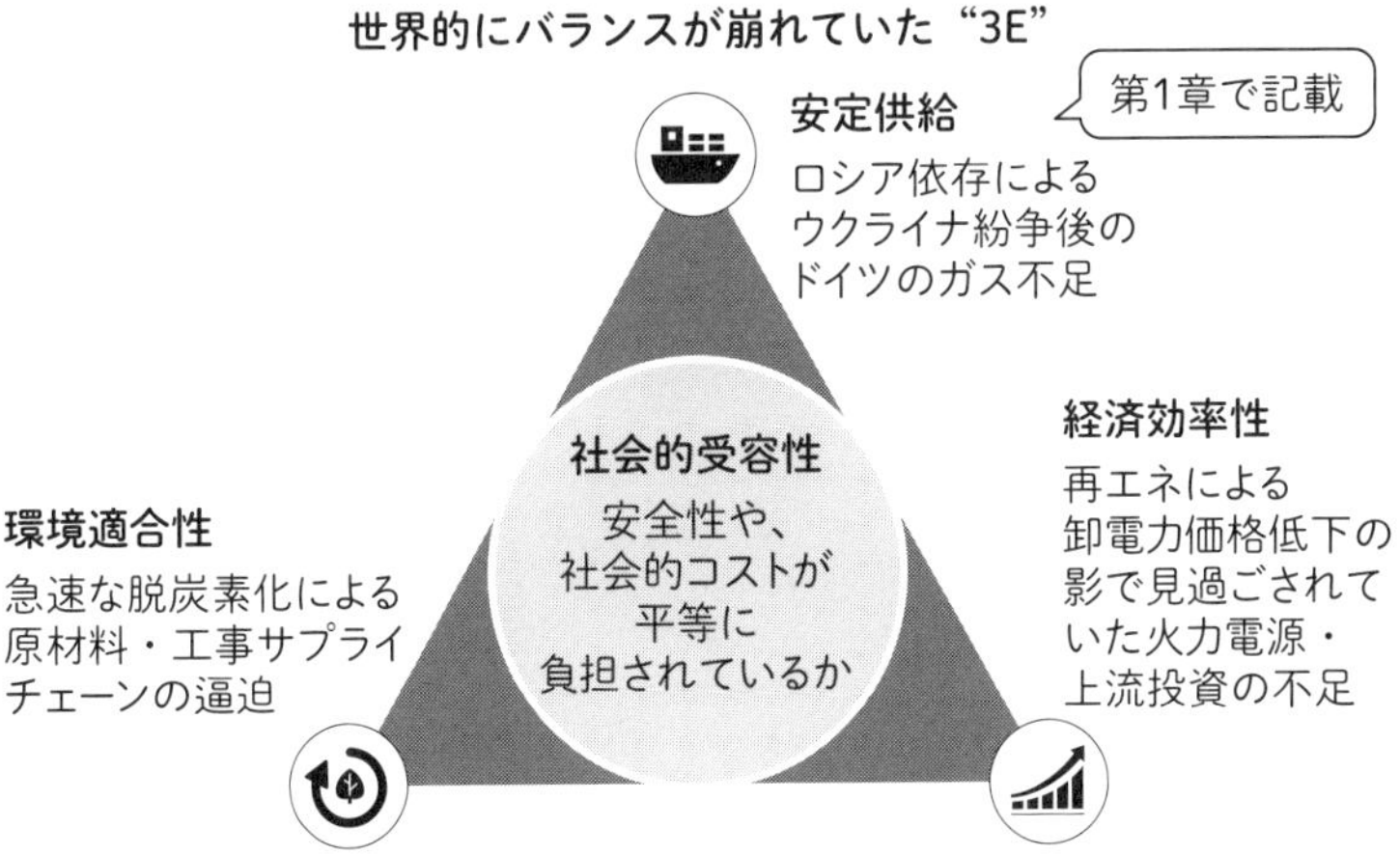

出所：McKinsey

要素に大きく偏重すれば、残りの要素で深刻な問題が引き起こされることが表されている。

最近では、海外でもこの3つの要素を同時に成り立たせるという課題が「トリレンマ」としてよく議論されている。安定供給については「はじめに」でも触れたので、ここでは環境適合性と経済性について、どのような問題があるかを概観していく。

環境適合性：脱炭素シフトに向けた原料・労働力の大幅な不足

脱炭素化への巨額の投資は戦後類を見ない規模にのぼり、脱炭素を実現するための機器や部材・素材の大量生産、工事据え付けニーズが高まっている。従来とは異なるニーズが膨大に出てくれば、当然ながら、供給は追いつかなくなる。急増する需要を満たしたくても、主要な原材料や部材、そして生産や工事を含めた労働力が大幅に不足して、満足に調達できないことが懸念されている。

実際に、風力のタービン、太陽光パネル、蓄電池、系統設備について、材料調達から生産輸送および建設までサプライチェーン全体を点検すると、ほぼあらゆるポイントで、数量、価格、地政学的な依存、リードタイム、品質面などで課題が見つかり、供給がままならない状態にある（図表2－2）。

例えば、ＥＵは風力発電で先行してきたが、2050年にネットゼロを実現するためには、現状の風力発電設備数は目標の3分の1程度で、さらに増設していく必要がある。現在想定以上のインフレにより世界各国で強い逆風におかれている洋上風力業界だが、それがなくとも早晩直面したのがバリューチェーンの上流における原材料の調達問題である。モーターに使うネオジムやプラセオジムが手に入りにくい。加工材料となる磁石は主に中国から輸入しており、経済分断が進めば直ちに調達問題に直面しかねない。製造関連では、アジアからパワーエレクトロニクスを調達している。その生産工場は目下、フル稼働状態で、発注しても納品までには数カ月待たなくてはならない。組み立て部分はＥＵが6割のシェアを持つためそれほど問題はないが、物流では船舶の確保に苦労する。

このように、バリューチェーンの各所で脆弱性が散見されるが、原料以外のボトルネッ

図表2-2 急速な再エネ投資によりサプライチェーン上にあらゆるリスクが顕在化

リスクのドライバー：原材料不足／価格変動／地理的依存度／リードタイムの長さ／品質

時間経過によるリスク量の変化：↑リスクの増加 ↓リスクの低減

リスク評価：低／中／高

	調達：原材料	調達：加工材料	製造：部品	製造：組立	物流	建設
風力	**EUは原材料の1%のみを提供**：ネオジムとプラセオジムは供給不足見込み ↑ ↑ ↓	**永久磁石**は主に中国から調達	パワーエレクトロニクスに対する**アジアへの高い依存度** **サプライヤーは数カ月にわたってフルオーダーブックを保有** ↓ ↓	**EUは組立段階で大きな役割**を果たし、そのシェアは約60% 財務面で逆風が吹く欧米のOEM ↑	2025年以降、**洋上風力タービンのXL船が**不足する可能性 ↑	**建設作業員**の需要は2026年に向けて増加するが、現時点ですでに不足 ↑
太陽光	シリコンは最も高リスクの材料：**供給の50%を中国に依存** ↑	**中国**は、世界の**ポリシリコン**の生産能力の**約70%**をカバー ↑	部品製造における中国の役割は**半独占的** **電力エレクトロニクスに対する**アジアへの依存度が高い **数カ月の全注文書** ↑ ↓	EUは**シリコンベースのPVアセンブリの1%を占めるのみ** ↓		
電池	**資材の1%はEUから調達：74%**は中国(リチウムとコバルト)、ロシア(クラス1ニッケル)、アフリカ(コバルト)、中南米(リチウム)に依存 ↑ ↑ ↓	**EU**はアノード材料とNCAカソード材料の供給に**完全に依存** ↑	中国は、完成したリチウム電池の66%を供給している。**電力エレクトロニクスに対する**アジアへの依存度が高い **数カ月の全注文書** ↓ ↓	**EUはバッテリセルの輸入に完全に依存** **欧州のキャパシティ**は**増加**が見込まれている ↓		

出所：McKinsey

図表2-3 洋上風力発電用の超大型設置用船舶は2026年以降不足

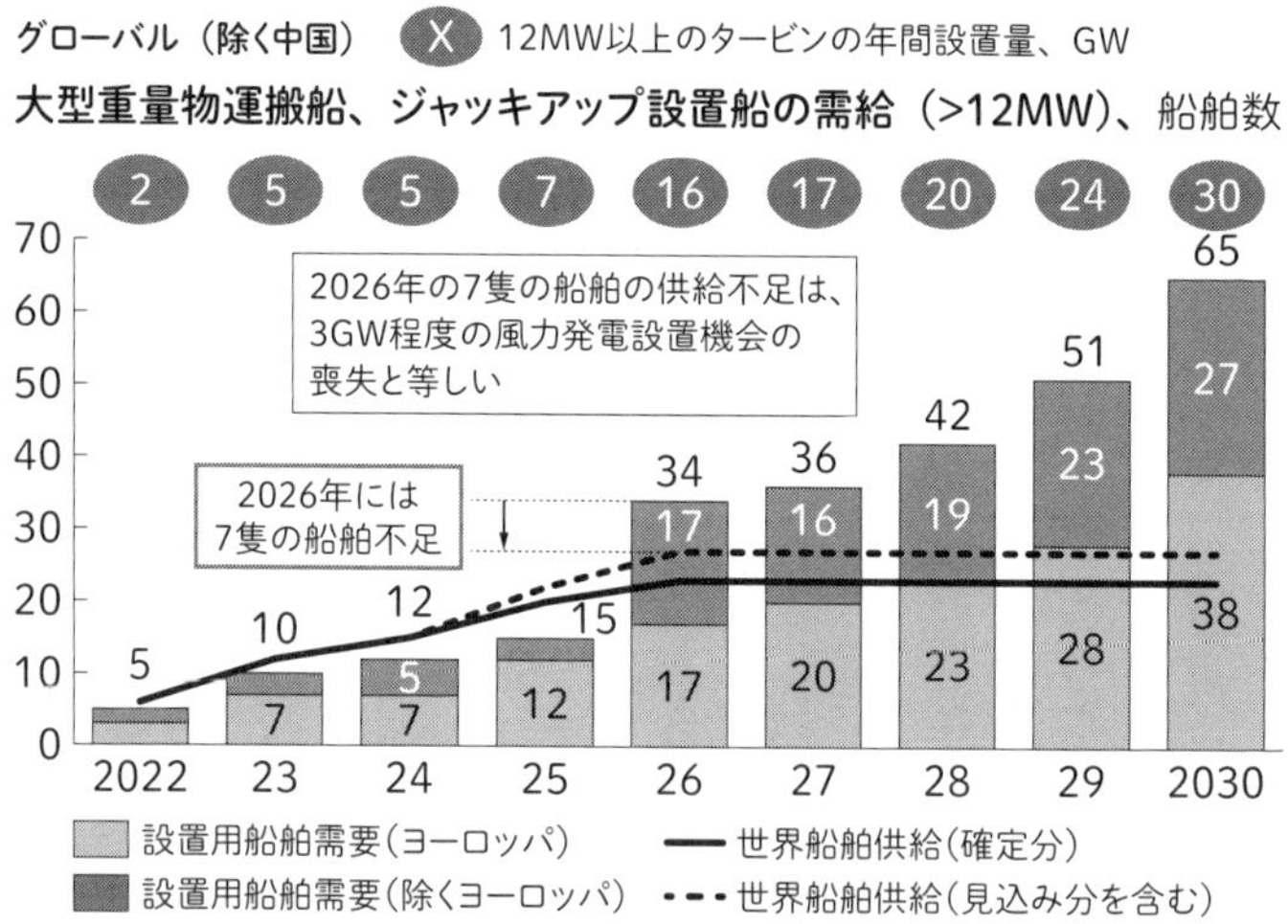

出所：Rystad, Clarkson, World Energy Reports、プレス検索、4Cオフショア、エキスパートインタビュー、GEP Achieved Commitments Scenario 2022

クになりそうなのが、海上に大型風車を建設するときに使う専用船舶である（図表2－3）。世界で現在、12メガワット以上の大型風車の設置に対応できるのは5隻にすぎない。2026年時点の需要を満たすために34隻が必要だが、現在公開されている関係各社の洋上風力向け船舶の拡大計画を見ると（点線の補助線）、7隻不足している。これは3ギガワット分の風力発電設置の機会損失に相当する。インフレ下の現在見通しは大幅に下方修正されているが、かつての2030年の需要予測を満たすためには、少なくとも65隻は必要となる。

日本の洋上風力開発でも船の手配はきわめて重要である。専用船舶を持つ会社は世界的にも限られている。成長分野のため今後投資が進むと思われるが、船舶に加えてケイパビリティを持った人材も必要であり、セットで増強していく必要がある。

図表2－2に戻ると、洋上風力だけでなく、太陽光、電池、送配電網についてもバリューチェーンのあちらこちらでリスクが見られる。また、どのテーマにも共通するのが、工事に従事する人員の不足だ。この問題は既に顕在化しており、ドイツでは、産業活動における貴重な人材として、電気技術者が上位4％に入っている。電気技術者は電力業界のみならず、鉄道などインフラの工事を行う他の業界でも必要とされているため、業界横断で人材獲得競争が繰り広げられている。この状態で2050年にネットゼロを実現するのはかなり厳しいことが見てとれる。

図表2－4は、風車のタービン、太陽光パネル、蓄電池などに使うレアアース（希土類）と主要原材料について、それぞれ地政学リスクの大きさを示したものである。例えば、レアアースのネオジウムは風力発電やEV向けの中核原材料であるが、需要に対応する形で順調に増産が進んでいるわけではない。中国などの産出国が独占しようとする動きもある。特定国への依存度が高い場合、重大リスクとして認識しておかなくてはならない。

バッテリーに必要なリチウムも、EVや系統用蓄電池の普及に伴い、2030年にかけ

図表2-4 原材料不足と地政学的リスクにより多数の原材料が調達リスクにさらされる

出所：McKinsey

て年率25%という驚異的なスピードで需要の増加が見込まれている。それに対して、供給側では2025年以降の増産計画がほとんど発表されていない。現状のままでいけば、2030年の需要予測330万トンに対し、3分の2（200万トン）も不足するだろう。

この状況への対策として、特定の素材の使用量を減らす研究開発を進めつつ、調達先と戦略的なパートナーシップを構築することや、企業が各国政府にロビー活動を行い、政府と連携しながら、サプライチェーンの上流から下流までが滞りなくつながるようにイニシアチブを推進することが重要となる。いずれの場合においても、不透明性は高いので、サプライチェーンの状況を十分に考慮しないまま性急に再エネへのシフトを試みれば、結果的に資源価格の上昇を招き、そもそもの目標が未達に終わる可能性が高い。

経済性：ガス価格の高騰がもたらす混乱

ロシアによるウクライナ侵攻以前、欧州の多くの国々は、ロシアから年間約60億立方メートルのガスを、複数国を横断するパイプライン経由で輸入していた。紛争の進行に伴い、現在の輸入量は大幅に減少している。発電、家庭や商業施設へのガス供給、産業燃料としてのエネルギーが十分に入手できなくなったため、ドイツは大きな混乱に見舞われた。

図表2-5 危機当初、欧州はロシア産ガスの減少をLNGを通じて補完し、その大部分はASEAN市場と各地の増産による

LNG輸入の変化、2022年と21年比較、bcm

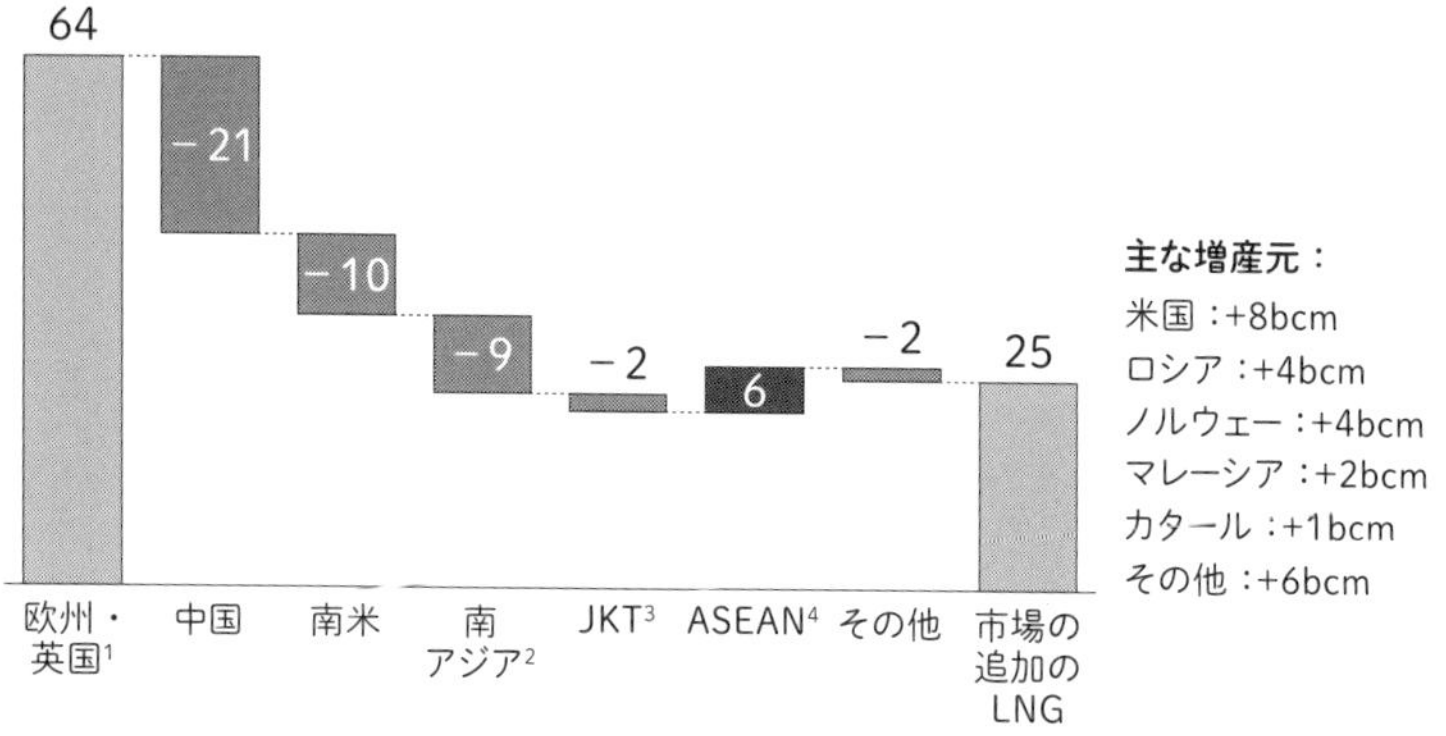

1. EU27＋英国
2. インド・パキスタン・バングラデシュ
3. 日本、韓国、台湾
4. インドネシア、マレーシア、タイ、シンガポール

出所：McKinsey Energy InsightsのEUPipeFlowおよびLNGFlow、マッキンゼー分析、Bloomberg、経済産業省

しかも、ここ数年の化石燃料離れにより、上流の石油ガス開発は低迷していた。そのため世界的にガス需給がもともと逼迫しているところに、ドイツが不足分のガスを世界中から価格度外視で買い集めたため、世界のガス価格が高騰した。バングラデシュなどドイツに買い負けた一部の新興国では発電用ガスが不足し、停電が深刻化するなど、いわゆるグローバルサウスの問題にも発展している。

現時点で振り返ればであるが、ドイツが自国の主要なエネルギー調達の半分以上をロシア1カ国に依存していたことが、明らかなアキレス腱となったのは間違いな

い。同様に、ドイツ以上にロシア産ガスへの依存度が高い東欧諸国にとっては、短期的にとりうる選択肢はそれほどない。そのため、原子力発電の採用に踏み出すなどの動きが見られる。

このように地球規模で連動しているエネルギー供給構造の複雑さや総合関連性を世界が実感しているところだが、この課題はまだ解消されたわけではない。ガスの需給は冬季に最も逼迫するが、欧州委員会がガス貯蔵率として設定している80％目標を達成できるかどうかは、どれだけ冬が寒くなるかに大きく左右される。

図表２－６は、欧州のガス貯蓄状況の月次推移である。例えば、ドイツはガス需要が低い夏季にガスを貯蔵し、需要の増える冬に消費する。貯蓄量が左グラフの灰色の範囲に収まっていれば、問題なく冬を越すことができる。右側は３つのシナリオで貯蔵量を予測したものだ。関係者は毎月貯留量をチェックしながら、必要量の確保の検討を行っている。

欧州のガス需給に影響を与える要素は主に５つ存在する。供給面では、アジアのＬＮＧ需要動向と、ロシアからのパイプライン経由の供給量、需要面では、冬の気候、電力部門での発電状況、建物や産業部門の需要動向である。図表２－７はそれぞれの変動要因が顕在化した場合に、欧州のガス需給に及ぼす影響を感度分析したものである。ガス供給が減少し、需要が増加する場合、供給逼迫に寄与することを示している。例えば、電力部門では最近、再エネによる発電量が増えているので、ガスを使用しない方向（右側）に動く。

図表2-6 初冬までに欧州が目標の90％の貯蔵率を達成できるかどうかは、冬の厳しい寒さ、またはロシアからのフロー減少によって困難となる可能性がある

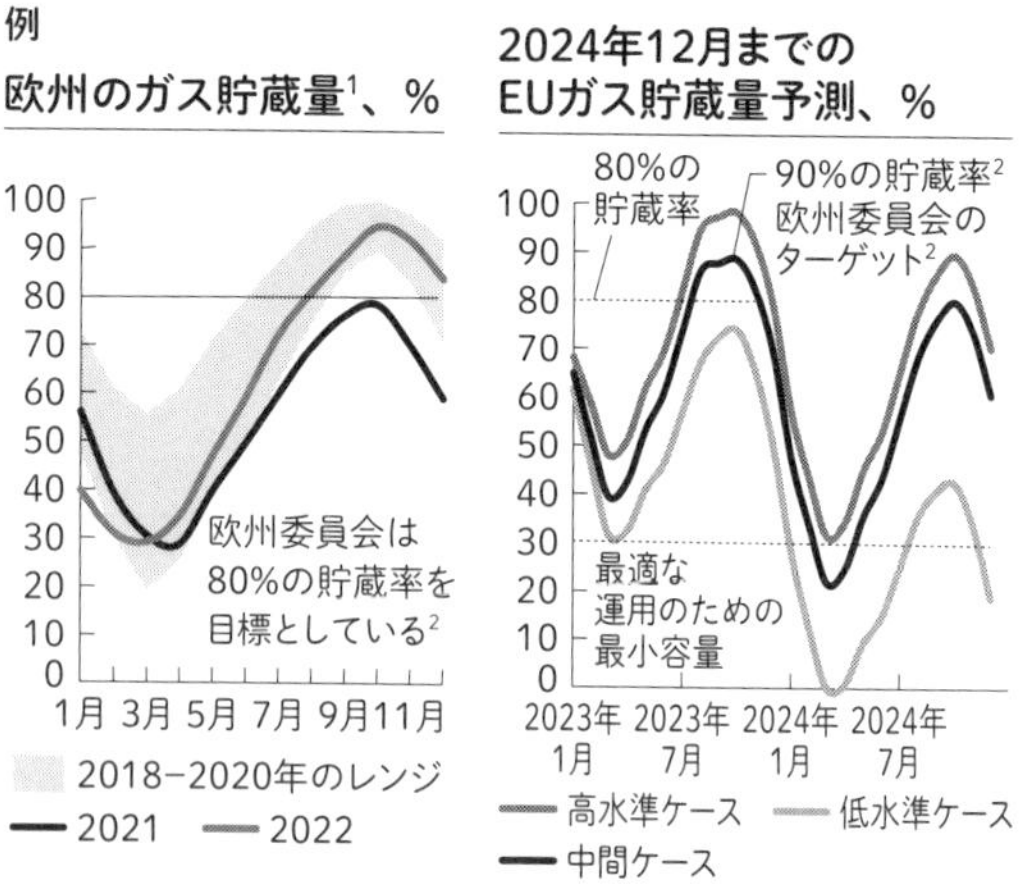

主な供給の前提条件[3]

高水準ケース
- 2023年も暖冬が続く
- ロシアからのフローは2022年9月〜12月の平均
- 2024年の3年間の平均引き出し量

中間ケース
- ロシアからのフローは2022年9月〜12月の平均
- 2023年〜2024年の3年間の平均引き出し量

低水準ケース
- 2023年2月以降、ロシアからの流入は無い
- 2023年〜2024年の3年間の平均引き出し量

1. EU 27ヵ国
2. 欧州委員会はオペレーターに対して22年11月1日までに容量の少なくとも80%まで、翌年には90%を貯蔵することを要求している
3. シナリオ全体で一定の仮定：2022年レベルのLNG輸入量、ロシア以外のフローは2022年レベル

出所：McKinsey Energy InsightsのEUPipeFlow、IEA、Reuters、マッキンゼー分析、Oxford Institute for Energy Studies

ここで欧州のガス供給に最も大きな影響を及ぼすのは、アジア諸国の動向である。特に中国の景気が上向くと、中国国内で経済活動が活発化し需要が伸びることで欧州向け供給と競合する状況が生じる。

危機当初の2022年の冬、欧州が無事に越せたのは、中国経済が減速してLNG消費が落ち込んだことと、暖冬が重なったからであり、いわば幸運に恵まれたにすぎない。LNG市場が以前よりもタイトになっているため、いずれかの要素が変われば、再び混

図表2-7 2023年にヨーロッパのガス需給バランスに影響を与える5つの主要な要因

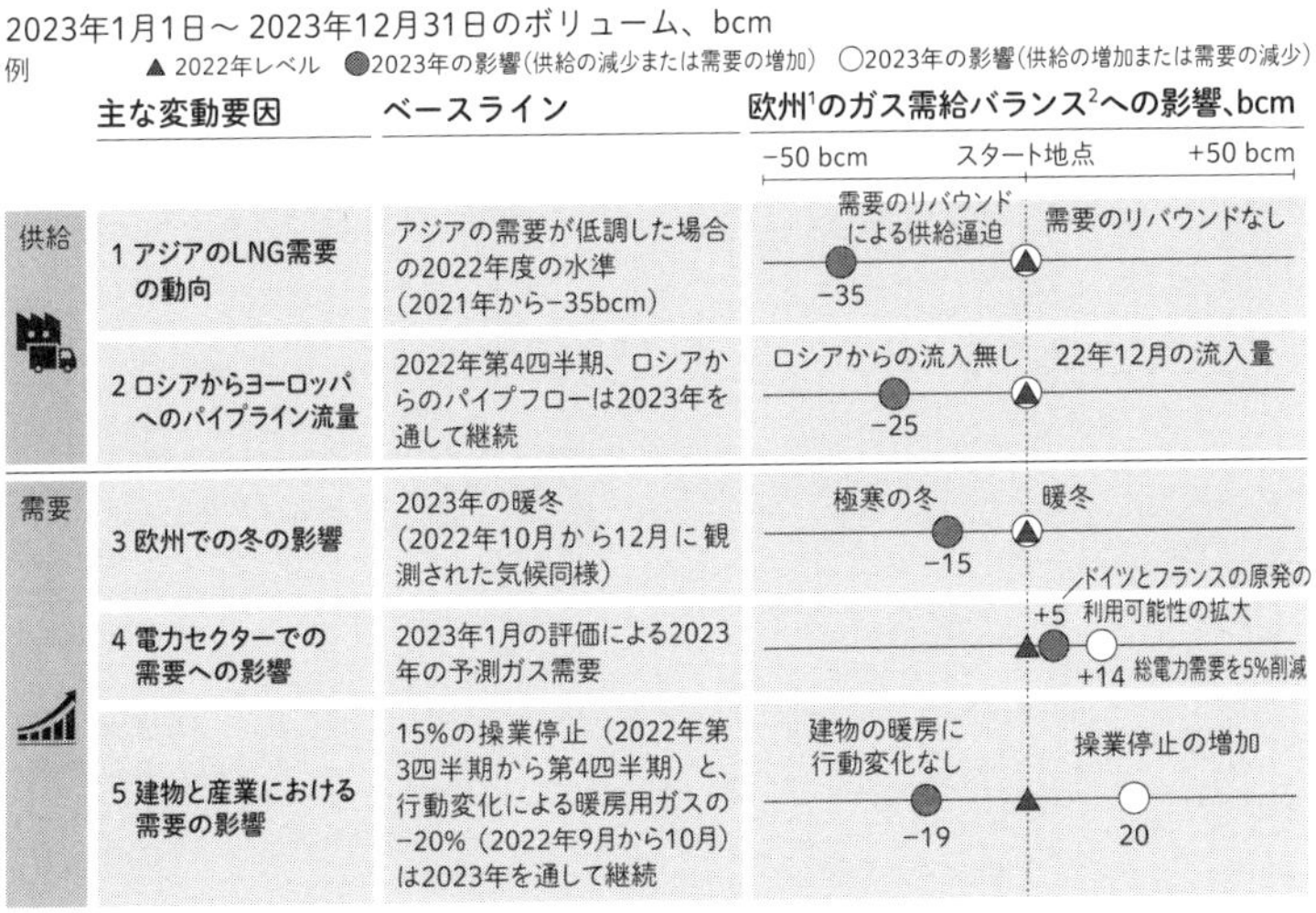

1. EU27ヵ国、英国、スイス、ノルウェー
2. 個別の感度とインパクトは別々に検討（累積的ではない）
出所：マッキンゼー分析

乱が起きる可能性も十分に存在する。

4つ目のE「産業競争力」の登場：米国はIRAで産業競争力と一体化

コロナ対策や脱炭素推進など、国の役割が数十年ぶりに拡大している。特にエネルギー業界では、安定調達や価格安定化に向けて民間企業がとれる範囲を超え始めており、国を挙げた取り組みが不可欠となっている。本章の初めにエネルギーのトリレンマとして、安定供給、経済効率性、環境適合性という3Eを挙げたが、4つ目のEとして国を挙げての「産業競争力（Eonomic Competitiveness）」も重要な要素としてここに提唱したい。実際に、世界各国でエネルギーに関してさまざまな種類の政策的支援が行われている。

その中でもひときわ規模が大きく、かつ、政策の実効性において成功を収めているのが、バイデン政権下での米国によるIRA（インフレ抑制法）である。現在のトランプ政権で先行きが不透明となってきているが、IRAはその名の通り、エネルギー政策を目的としたものではなく、製造業を中心にネットゼロ産業を強化するための大がかりな税控除の仕組みである。

これが結果的に、需給の急変動に対応できないサプライチェーン上やエネルギー供給上の制約を無視したエネルギー転換とは一線を画す、包括的な内容となっている。

個別に見ていくと、蓄電池や風力・太陽光発電用インバーターなどの主要機器に対しておおむね10〜30％、最大で50％近くの税制上の優遇措置を設けている。関連する企業にとっては大幅なコスト低減になる。水素についても大胆な補助金を交付しており、世界各国の中で、米国は水素生産コストの低さにおいては圧倒的な1位となっている。

ここからわかるように、規制や罰則という北風タイプではなく、財務的なインセンティブにより、儲けを出せるようにして太陽タイプのアプローチでエネルギー転換に寄与しようとしたものである。欧州などにも税制優遇措置はあるが、申請するためには、何百ページもの資料を作成し、審査に数カ月かかるなど官僚的手続きを経ることが多い。米国では場合によっては数枚の書式を提出し審査に1カ月もかからないケースもある。IRAのシンプルさや資金規模の大きさに魅力を感じて、欧州企業が自国よりも米国での投資を優先させる状況まで生じた。

世界でも有数なイノベーティブなイタリアの大手エネルギー会社エネルの前CEOのフランチェスコ・スタラーチェ氏は、IRAの秀逸さについて、次のようにコメントしている。「IRAは非常に巧妙に作られています。IRAを知れば知るほど、米国がエネルギーシステムを適切に変える必要性を正しく解釈しているだけでなく、サプライチェーン、さらには過去20年間に私たちが暗黙の前提としてきた新自由主義的なルールも変える必要があると考えていることがわかります。これまで私たちは自由貿易の思想を突き進めた結果、製造業の多くを中国や他のアジアの国々に奪われてきました。しかし、IRAは現在、多くの工業製品においてバリューチェーンやサプライチェーン上のバランスを取り戻す機会を生み出しています」。

こうした米国の動向を踏まえて、EUはグリーンディール産業計画を発表している。従来の規制や罰則を重視した手法や、財務的なインセンティブの設計がIRAに比べて見劣りするという問題意識に基づき、地域内における脱炭素関連製造産業のスケールアップを目的とした計画に改めつつある。ただし、EUでは複数国に関わる調整が必要なうえ、ドイツやフランスなど主要国が有利になることに反発する国々が出てくることが予想される。調整は一筋縄ではいかないため、スピーディーな展開は難しい構造的課題は残る。

図表2－8はIRA、EUのグリーンディール産業計画、日本のGX（グリーン・トランスフォーメーション）実行計画の概要をまとめたものだ。日本も米国も意識しながら、補助金をはじめ、GX経済移行債などファイナンスも含めて、資金が回る形でのエネルギー転換を促進することで産業競争力も併せた包括的な施策を立案している。

図表2-8 IRA、GDIP、GXのいずれもネットゼロ技術を後押しすることを目的としているが、アメリカが規模の大きさやその迅速性で先を行く

	米インフレ抑制法（IRA）	グリーンディール産業計画（GDIP）	GX実行計画
概要	クリーンエネルギーへの民間投資を促す資金提供パッケージ	ヨーロッパのネットゼロ産業の競争力強化を目的とした戦略的計画案	グリーントランスフォーメーションへの民間投資を加速するための政策案とロードマップ
セクター／技術的なスコープ	ネットゼロ技術の生産	ネットゼロ技術の生産[1]	次世代電池や半導体、EVなど先端的な製造技術の確立
管轄権	連邦レベル	EUレベル、加盟国レベルの資金調達を解放	国
資金提供額	クリーンエネルギーに対する約3,940億ドルの補助金、税額控除、投資	既存：約2,500億ユーロ 将来：不明	20兆円の投資を梃子とした150兆円超の官民GX投資
政策手段	資金提供パッケージのみ	資金提供と規制環境パッケージ	投資および規制のパッケージ
資金提供の期間	今後10年	既存－2026年末 州法緩和－2025年末 ESF[2]－TBC	10年間

1. 電池、風車、ヒートポンプ、太陽光、電解槽、炭素回収・貯蔵技術は発表済み
2. 欧州社会基金
出所：米ホワイトハウス、欧州委員会

エネルギー転換を進めるための共通要素

マッキンゼーはこれまで世界各国で脱炭素のシミュレーションを実施し、それぞれの政府や代表的企業と議論する中で、各国の個別事情を超えて共通する項目や、その国独自の変革の道筋を抽出してきた。直近足元で発生している脱炭素に向けた障壁について、世界各国で何が共通し、何が異なるかを見ていくことは、各国の政策や技術の動向を考える上で重要となる。

産業競争力を高めつつ秩序立ったエネルギー変革を行う上で、どの国においても取り組むべき共通要素は、目立ちがちな脱炭素技術の開発だけにとどまらない。①物理的な環境整備、②経済的／社会的な制度設計、③転換を促す枠組みという包括的な設計が重要となる（図表2－9）。

①物理的な環境整備

●エネルギーインフラの整備

これまでにも指摘したように、どれほど再エネで先行する国であっても、1・5度目標

図表2-9 秩序だったエネルギー転換を実現する共通要素

①物理的環境整備	エネルギーインフラの更新	既存のエネルギーインフラを再生可能エネルギーの統合や効率的なエネルギー供給に向けて強化・高度化。土地利用と許認可効率化による加速化
	サプライチェーンの強化	エネルギー転換で発生する大幅な需要増加に対応するための主要原材料・機器、工事・運転人員の強化（サプライチェーンの多様化や人材育成）
②経済・社会的な制度設計	高排出電源の制限とセットの転換支援	高排出量発電の新規建設を制限し、既存施設の段階的な廃止やクリーン技術の導入の促進
	エネルギーの手頃な価格と公平性の促進	エネルギー価格の高騰を抑えた政策的な支援や補助金の提供による社会全体での受容性の向上
③転換を促す枠組み	安定的かつ魅力的な報酬制度	脱炭素技術投資を促進するための、予見性を有する長期的な価格保証やインセンティブを提供する市場設計、需要側管理
	エネルギーや製品の炭素集約度を測定する枠組み／炭素価格	エネルギーや製品のライフサイクルにおける炭素排出量の正確な測定と基準の策定による企業・消費者努力の促進

出所：McKinsey

を達成するためには、発電設備や送配電網が大幅に不足している。特に発電設備を新たにつくるだけでなく、従来存在する送配電網やガス導管網などのアセットを強化して、大規模なエネルギー需要の中心地をいかにつなげるかがボトルネックとなりうる。特にガスパイプラインなどは将来的に利用率が低下することを織り込み、水素など低炭素でクリーンな燃料構成への転用も視野に入れておく必要がある。加えて今後重要となるのは、需要家側のインフラの導入である。デマンドレスポンス・プログラムによる需要と供給のより最適なマッチングを蓄電池など柔軟性の高いソリューションと共に実装することで、系統側から中央制御されていた時々刻々の需給のバランシングによる負荷を低減することが可能となり、前述の送配電・ガス中流資産の投資の抑制につながる。

●サプライチェーンの強化

既にみたようにエネルギー転換では新たな設備・機器の需要が大幅に高まることとなり、重要な原材料、部品、工事労働力を確保するために、グローバルとローカルの両方でサプライチェーンを強化する必要がある。従来の調達活動におけるベストプラクティスは短期契約や競争入札により最安値で原材料などを確保することであったが、需給逼迫が今後想定される資源・素材・機器／サービスについてはサプライヤーと長期契約を結んだり、パートナーシップを構築したりするほうが、供給量の重大な変動に備えて安定供給を実現する手段となりうることから、企業・産業・国それぞれのレベルでの資源戦略や代替素材戦略が必要となる。

不足するのは素材や機器だけではなく、施工人員の確保も大きなボトルネックとなる可能性があり、プロジェクトの大幅な遅延やコスト増要因となりうる。例えばアメリカにおいては、２０３０年には太陽光、風力、天然ガスの導入に直接的および間接的に55万人以上の雇用が必要になる可能性がある。この55万人の新たな雇用のうち、10％未満が既存人材プールからリスキリングにより充足可能であり、残りのギャップを埋めるために、企業がより包括的な採用・職業訓練を行うことや、それに対する政府からのプログラム支援も必要となる。

②経済的／社会的な制度設計

●高排出電源の制限とセットの転換支援

依然多くの国で石炭など化石燃料は安価で入手しやすい手段であるが、非効率でCO_2排出量の多い高排出電源の退出を促すような一定の枠組みが必要となる。近年の電力需要増加の下では比較的高稼働が見込まれるが、その後の需給環境や脱炭素を取り巻く環境の変化によって価値が大幅に目減りする「座礁資産」となるリスクもはらんでいる。

変動性の高い再エネの導入規模が拡大する中で、火力発電をバランスよく利用することは、安定供給を考えるうえで必須となる。一方で設備稼働率の低下により従前の発電量を前提とした経済性は成り立ちにくくなっている。社会全体として必要な火力電源の容量（キャパシティ）を確保するためには、瞬間的な需要増に対する柔軟性、融通のしやすさ、余裕を持たせた設備容量など、安定化に貢献する価値を評価するメカニズムの導入が必須となる。

●エネルギーの手頃な価格と公平なエネルギー転換

脱炭素の取り組みやエネルギー転換を促進するためには、国内の産業や消費者の保護、支援が重要となる。最も影響を受けやすい消費者が、手頃な価格で確実にエネルギーを利用できるように、国として補助金などを検討する事例は現実に発生している。

国をまたぎグローバルなスケールで見ると、エネルギー需給による新たな南北問題への対処、消費者・産業支援も検討すべき論点である。ロシア産ガスが入手できなくなったことをきっかけに、先進国と新興国の間でLNG調達をめぐって明暗が分かれた。脱炭素に必要なコストや変革による経済的混乱を切り抜け、エネルギー価格の安定を促進し、影響を受ける地域に公平な機会を創出することは、世界的な協調の下で脱炭素を進めるためには欠かせない。

③コミットメントを引き出す仕組みと規律

共通事項の3つ目として、経済的な予見性を確保するための仕組みや、コミットメントを促すインセンティブの設計について検討する必要がある。

●経済的な予見性の確保

脱炭素化に向けて事業者の投資を促すためには、経済的な予見性を高めることが欠かせない。再エネやグリーンテックへの投資で障壁になるのは、開発や市場投入後に本当に買い手がつき、投資を回収できるのかという問題である。例えば、新しい再エネの発電設備に対して、長期で安定的に購入するというオフテイク（購入）契約を締結できれば、投資が促進され、開発者は安心して技術革新に取り組めるようになる。電力購入契約（PPA）など、オフテイクに関する低リスクの枠組みは再エネをはじめとする幅広い技術分野で世界的に必要となってくる。値差支援などを通じて水素やCCS／CCUSソリューションへの先行投資を促進し、長期的に社会全体でのコスト抑制を実現するとともに、周辺産業の成長を促すことにもなる。発電設備を整備するだけでなく、将来の供給力を取引する容量市場などを確立し拡大することで、電力取引に柔軟性がもたらされる。

●エネルギーや製品の炭素集約度の見える化／炭素価格

排出量削減やカーボン取引などで論点となるのは、統一した基準がなく、透明性が担保されていないことだ。評価基準の整備や炭素価格の透明化についても、国内はもとより、国際的に取り組んでいくべき論点である。最終製品がつくられる過程でどのくらいCO_2が排出されたかを示す炭素強度（エネルギー消費当たりCO_2排出量）は今のところ、企業が独自の基準や方法で測定し、公表していることが多い。統一した基準や枠組みを整備し、グローバルで新たな炭素経済を発展させる必要がある。

適切な炭素価格を設定し、カーボンクレジットの取引を促進することは、化石燃料からグリーン燃料への転換を推し進め、低炭素技術のビジネス事例の実現性を高める上で重要となる。現状は、Ｊクレジットのように政府機関が運用する仕組み以外に、世界中の民間企業やＮＧＯなどの団体が発行するボランタリー・カーボンクレジットなどの形でも取引が行われている。炭素価格に関する透明性が確保されれば、水素などさまざまな燃料についても適用でき、グリーンプレミアムが明確なものとなる。

各国のエネルギー転換の「難易度」

ここまで共通事項を見てきたが、ここからは各国独自の事情や狙いに注目していきたい。エネルギー業界では一次エネルギーの供給量をＧＤＰ（国内総生産）で割って産出する「エネルギー強度」という指標が使われている。国ごとにエネルギー強度を見ていくと、各国で大きな差が出てくる。例えば、サウジアラビアやインド南部のような国は日差しが非常に強く、太陽光発電には適している。

図表２－10は、各国の脱炭素の難易度を相対的に表す散布図となる。右図は、横軸・縦軸にそれぞれ太陽光と風力の平均エネルギー強度を表している。この図を見ると日本は太陽光・風力のいずれにおいてもとりたてて強い特徴を有さず相対的に低い位置づけにあり、再エネ資源が相対的に見て非常に強いというわけではない。また左図は縦軸を短期的

な化石燃料依存度と排出量の多さ、横軸を脱炭素変革に対する購買力（1人当たりGDPドル）として、各国を散布図上にて示したものである。これを幾つかの類型に分け、主要国ごとのエネルギー転換方針を見てみたい。

図表2－11は、脱炭素の類型を前述の〝4E〟に沿って整理してみたものである。こう見るとエネルギー転換に何か決まりがあるわけではなく、各国が自社の強み・弱みを踏まえた上で国益に沿うよう独自に動いている様子が見受けられる。

類型①：裕福かつエネルギーが自給可能な国（例：アメリカ）

オーストラリア、サウジアラビア、アメリカを含み世界人口の8％を占め、温室効果ガス（GHG）排出量の22％を占めている。これらの国々はエネルギーの国内生産が豊富で、一人当たりのGDPが高い。エネルギー転換が進む中でもエネルギー輸出国であり続ける可能性が高いが、排出目標を達成するために自国内でのエネルギー源の見直しを行う。

類型②：裕福だがエネルギー安全保障に脆弱な国（例：ドイツ、日本）

ドイツ、イタリア、日本を含むこれらの国々は、世界人口の7％を占め、世界の排出量の13％を占めている。一人当たりのGDPは比較的高いが、エネルギー安全保障に関する懸念を有する。エネルギー転換においては、国内でのクリーンエネルギー生産など安定供給のための自給率向上を目指すことが多く、特に製造業に強みを持つ国では脱炭素

各国の再エネの国土面積当たりの平均での強度

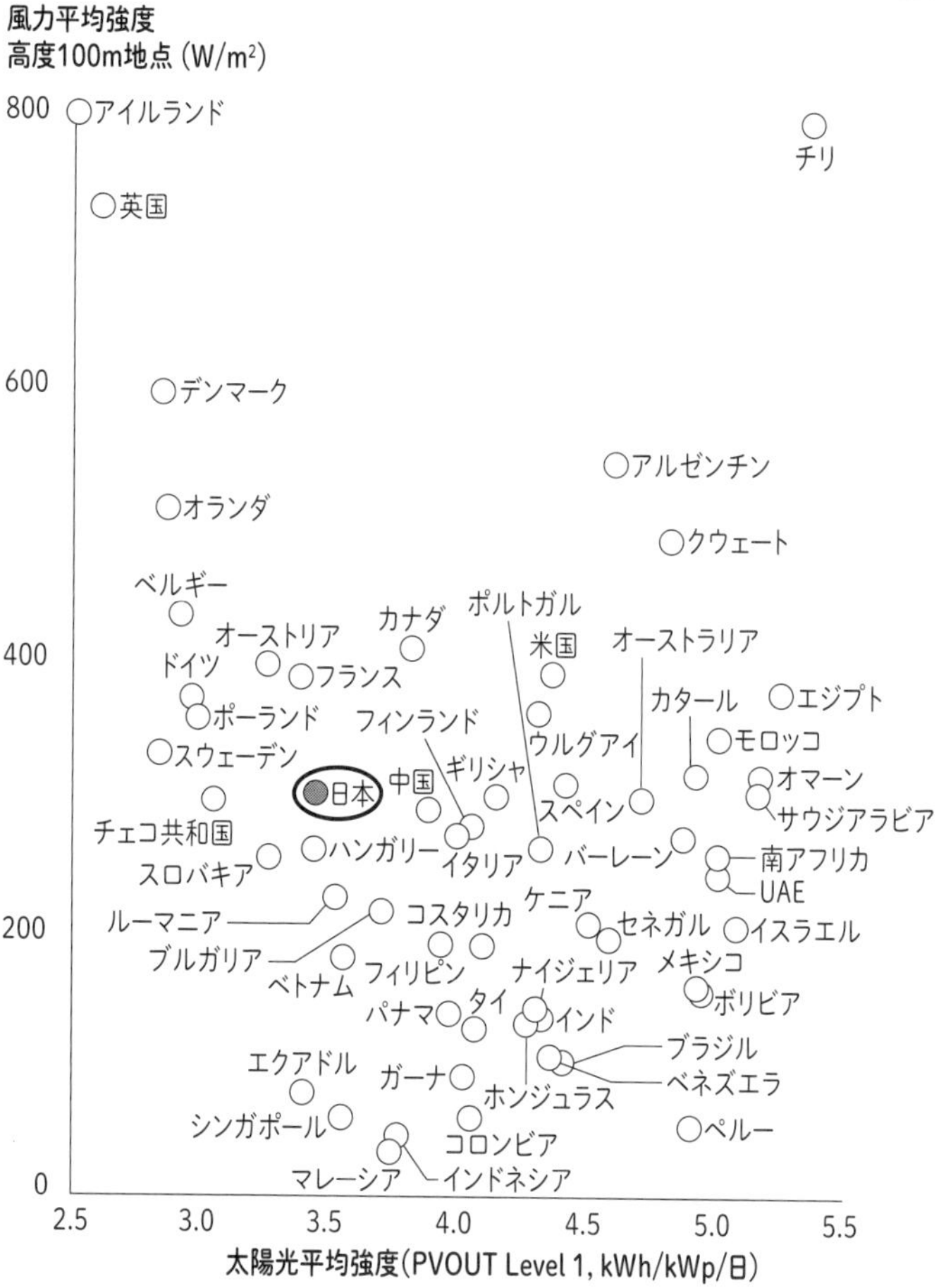

図表2-10 世界各国は再エネへの豊富さという点で置かれている状況は異なり、脱炭素にも類型が存在する

国別での脱炭素の類型別

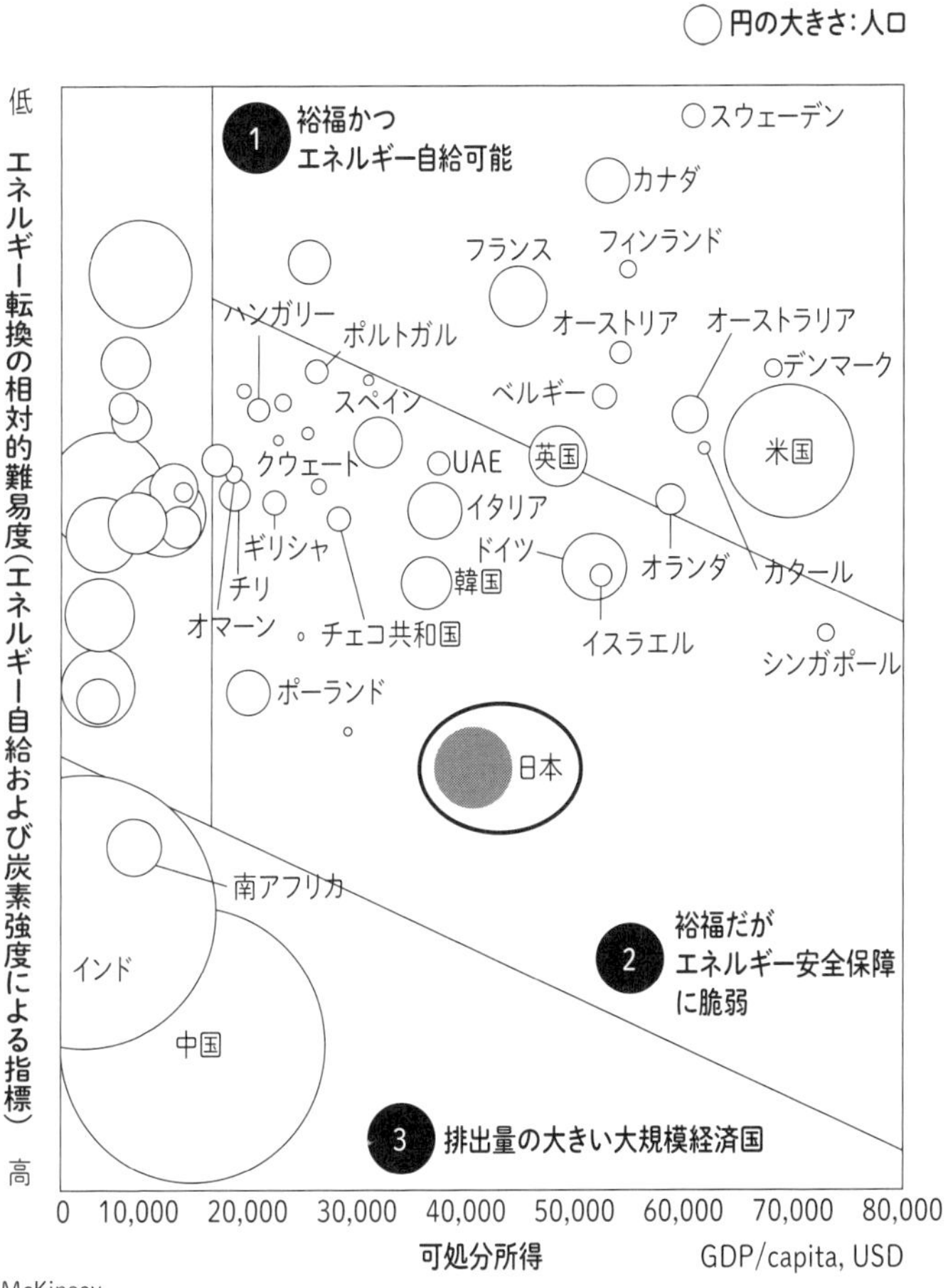

出所：McKinsey

図表2-11 世界各国のエネルギー転換上の類型（①〜③詳述）

類型	類型の特徴	例	4Eに対する基本戦略			
			産業競争力	自給率向上	経済性	環境性（例として石炭火力の方針）
類型①：裕福かつエネルギーが自給可能	●エネルギー転換が進む中でもエネルギー輸出国であり続ける可能性が高い	アメリカ	「Inflation Reduction Act」による補助金・税制優遇で国内投資を促進し、再生可能エネルギー、EV、バッテリーなどの国内製造業を強化し、中国依存を軽減	化石燃料輸出国としての地位を維持しつつ、再生可能エネルギーの国内利用を拡大。再生可能エネルギー拡大でエネルギー供給の多様化を目指す	民間投資を促進するインセンティブ政策を採用し、エネルギー転換を通じて雇用創出を目指す	2035年までに電力部門の完全脱炭素化を目指す
類型②：裕福だがエネルギー安全保障に脆弱	●国内でのクリーンエネルギー生産など自給率向上を目指すことが多い ●特に製造業に強みを持つ国では脱炭素技術の産業化を目指すことが多い	欧州	「Fit for 55」や「European Green Deal」を通じたクリーン技術を推進し、環境規制を競争優位性に変え、持続可能な技術の標準化で市場を主導	ウクライナ危機を契機にロシア産化石燃料依存脱却を迫られ、REPowerEUプランで再生可能エネルギーや水素経済を推進し、エネルギー独立を目指す	炭素税やEU-ETS（排出取引システム）で化石燃料の使用を抑制し、経済的に持続可能なモデルを構築しつつ、持続可能性と社会的公平性を重視し、エネルギー貧困の緩和を推進	2030年までに石炭火力発電を70％削減し、炭素国境調整メカニズム(CBAM)を導入
類型③：排出量の多い大規模経済国	●エネルギー需要の増加に対応しながらクリーンな資源へ転換 ●規模の経済を活用した機器の世界シェア確保	中国	太陽光パネル・洋上風力機器、バッテリー、燃料電池など低炭素技術製造で既に優位性を確立し、国際市場支配を強化、「一帯一路イニシアチブ」を活用し、他国へのエネルギーインフラ輸出を進行	エネルギー安全保障を重視し、国内供給網の強化に注力。国内資源を利用した再生可能エネルギープロジェクトで輸入依存を低減	大規模投資で再生可能エネルギー技術のコスト削減を図る	石炭火力発電の割合を2030年までに56％以下に削減する目標

出所：McKinsey

技術の産業化を目指すことが多い。

類型③：排出量の多い大規模経済国（例：中国、インド）

中国、インド、南アフリカはこのカテゴリーに属し、世界人口の37%を抱え、世界の排出量の40%を占めている。これらの経済では、エネルギー需要の増加に対応しながらクリーンな資源を活用し、比較的低コストで国内生産されてきた、最も排出量が多い燃料（主に石炭）への依存を減らすというバランスを見つけることが、ネットゼロ移行における中心的な課題となる。

参考：発展途上で気候リスクが高い経済（例、アフリカや途上国）

アフリカの一部や東南アジアの一部、島嶼国が含まれるこれらの地域は、残りの世界人口と排出量を占めている。これらの地域は、主に農業経済によって特徴づけられ、気候リスクへの脆弱性が高い。一部の国では、財政的な制約や限られた天然資源のために、再生可能エネルギー開発の可能性が限られている。これらの地域でのエネルギー転換は、基礎的なインフラサービスの整備や気候適応への投資と結びつく可能性が高く、外国の支援なしには実現が困難である。

これら類型の違いによって、各国が取るエネルギー転換戦略の思想は大きく特徴づけられる。

類型①アメリカ

- アメリカは新しい雇用や国内製造業を強化することに重点を置き、化石燃料と再生可能エネルギーの両方でエネルギー自給率を高め、経済成長と雇用創出のエンジンと見なし、民間投資を促進するインセンティブを重視している

前述の通り、アメリカはエネルギー転換を新たな産業競争力の柱として捉えている。特に再生可能エネルギー、EV、バッテリーを国内で生産・確立し、国際市場での競争力を高めることを重視している。例として「Inflation Reduction Act」に基づく莫大な補助金や税制優遇があり、これにより国内製造業を強化し、中国依存を軽減する狙いがある。同時にエネルギー安全保障の観点から、自国での再生可能エネルギー生産を拡大し、エネルギー自給率をさらに高めようとしている。アメリカは化石燃料の輸出国でもあるが、国内再生可能エネルギー分野を拡大することで、エネルギー供給を多様化し、輸入依存を抑える戦略をとっている。

経済成長と雇用創出をエネルギー転換と結びつけており、特に再生可能エネルギー分野での雇用拡大に注力している。また、低所得者層へのエネルギー負担を軽減しつつ、地域

経済の活性化を図る政策を実施している。

類型②欧州

- 欧州は環境規制を競争優位に変え、制度・枠組みの制定や標準化を意図しつつ、地政学的リスクを背景に、化石燃料からの独立を急ぎ、再生可能エネルギーと水素経済を推進し、持続可能性と社会的公平性を重視している

欧州は気候変動への対応を最優先事項とし、エネルギー転換を通じて環境規制のリーダーとしての地位を確立しようとしている。「Fit for 55」や「European Green Deal」などの政策は、クリーンエネルギー技術を発展させ、持続可能な産業構造を構築することを目的としている。これにより、環境規制を競争優位性に転換し、世界市場での標準化を主導しようとしてきた。

ウクライナ危機以降、欧州はロシア産化石燃料依存からの脱却を余儀なくされ、再生可能エネルギーや水素経済の推進により、エネルギー自給率を高めることが喫緊の課題となっている。REPowerEU プランは、エネルギー独立を達成するための重要な枠組みである。

再生可能エネルギー技術のコスト削減を達成しつつ、エネルギー貧困層への支援を拡大している。欧州では、化石燃料からの脱却に高いコストが伴うため、炭素税や排出取引システム（EU-ETS）を導入し、化石燃料の使用を抑制しつつ、経済的に持続可能なモデルを模索している。

類型③中国

- 中国は既にある国内資源と圧倒的な内需という優位性を活用してさらに市場支配を強化し、エネルギー安全保障を重視しながら輸入依存を減らし、大規模投資を通じた経済的に効率的なモデルを追求している

中国はエネルギー転換を国家戦略と位置づけ、世界のクリーンエネルギー技術市場でのリーダーシップを目指している。太陽光パネルやバッテリー技術で世界市場の80％以上のシェアを占めるなど、低炭素技術の製造において圧倒的な優位性を確立している。また、国内外での市場拡大を目指し、一帯一路イニシアチブを活用して他国へのエネルギーインフラ輸出を進めている。

エネルギー安全保障の観点では再生可能エネルギーの開発により輸入依存を低減する戦

図表2-12 **日本が脱炭素化を目指すにあたっては幾つか欧米諸外国と異なる挑戦が存在する**

挑　戦	詳　細
日本の地形・気候	周辺国とエネルギー融通困難な**島国**、再エネに不向きな**山がちな地形**や震源地との距離、**CCSアセット不足**、四季に伴うエネルギー**需要の季節変動**が構造的にエネルギーインフラへの挑戦を呈す
エネルギーミックス上の不確実性	現状で化石燃料による発電への依存度が高く（G7平均の46%に対し、日本は82%[1]）**トランジション**に課題 原子力発電の**再稼働・新増設見込み**が不透明（再稼働目標37GWのうち、再稼働は9GW） 再エネは**コスト・土地利用・系統接続**の障壁克服が必要
排出量削減困難な産業分野における技術革新	効率の高い排出量**削減のハードルが高い産業分野**が総排出量の32%を占めており、他の先進国市場より高い水準（G7平均は24%[1]）

1. 2017年データ。G7平均に日本は含まれていない
出所：国立環境研究所温室効果ガスインベントリオフィス、総合エネルギー統計、UNFCCC National Inventory Report

略をとっている。国内の広大な砂漠地帯を利用した大規模な再生可能エネルギープロジェクトを進め、高圧直流ケーブルによる遠距離送電などのプロジェクトを通じてエネルギー自給率を向上させている。

このようにエネルギー転換を経済成長のエンジンと捉え、大規模な公共投資と政策的支援を行っている。再生可能エネルギー技術の大量生産により世界が脱炭素に向けたモメンタムを有している間に、脱炭素技術のコストを大幅に低減し、国による規制や補助金頼みでない自立的な市場の創出を目指し、非常にアグレッシブに動い

ているといえる。アメリカとの間での地政学的課題も有することから、中国のテクノロジー企業としては、自国内向けのエコシステムと、海外向けのエコシステムの双方を立ち上げるという難題にも直面していることは、他の国にない特徴である。

日本の状況

日本は類型上、ドイツなど多くの欧州諸国と同様に②の「裕福だが自給率に課題」の類型に属するが、課題はさらに多い。島国であるため周辺国との電力融通が困難であり、化石燃料の輸入もパイプラインでは難しく、船舶輸送に大きく依存するため安定供給リスク対策が一段と重要である。山がちな地形やCCSアセット不足など脱炭素技術の実装に向けた障壁も多い。国内市場はアメリカ、中国、インド、欧州23カ国などと比較すると小さく、世界標準の制度設計をリードする立場には現状なく、スケールが物を言う脱炭素技術の製造も汎用的な単体機器では難しそうである。

このように日本の立ち位置はかなりユニークであり、ただでさえ厳しい脱炭素化のハードルは非常に高い。欧米の先進事例をそのまま踏襲することが必ずしも国益やエネルギー安全保障に関わることにはならず、日本独自のやり方が求められている。日本についての詳細は次の章以降にて扱うため要点の記載にとどめるが、天然ガスの役割を定義し、再生可能エネルギーの間欠性のバランスを図り、需要側管理を含め既存のインフラを適応させ、電化の成長に対応するなど、技術を活用した課題先進国たる日本の問題解決策は、他の地域にも大きな示唆を与えうる。

まとめると、各国が自身の置かれている状況を踏まえながら国益を最大化すべくもがいているが、脱炭素のトレンドは日本の思想の根幹であるシステム全体を捉えた〝S＋4E〟の路線へと潮目を変えてきており、以下のような留意が今後必要になってくると考えられる。

- **物理的制約や需要家の受容性も踏まえてエネルギー転換のペースを設計する**：サプライチェーン・インフラ・施工力などの物理的なボトルネックや、産業・消費者が受容可能な変化のスピードなど、現実的なペースを念頭におく
- **LCOEのみならずシステム全体のコストを考慮する**：統合費用やインフラコストを含む、総システムコストを考慮することで転換の戦略を検討する。またテクノロジーの選択肢についてはオープンな姿勢を保つ
- **転換の早い段階での需要管理を実現する**：需要管理を転換の重要な要素の1つとして含め、デジタル化やエネルギー管理システムなどの促進要因を早期に導入する

ここまでマクロでのエネルギーの潮流を俯瞰してきたが、次章以降では一旦日本の状況

にズームインし、まずエネルギー転換の主役である電化の中核を担う日本の電力業界が、今そして今後どのような状況に置かれているかを見てみたい。

コラム

第二次トランプ新政権と米国エネルギー政策の行方

2024年の米国大統領選挙の結果誕生したトランプ新政権は、エネルギーセクターには大きな変化が予測されている。本章執筆時点の2025年2月ではその全体が明らかでないが、新政権による政策変更が市場や関連分野にどのような影響を及ぼしうるかを概観してみたい。

主な政策と影響

1. インフレーション抑制法（IRA）の見直し

トランプ新政権は、バイデン政権時に成立した「インフレ抑制法（IRA）」の一部廃止を公言している。この法案は企業や消費者に対する税控除や補助金を含むものであったが、トランプ政権はこれを財源確保の一環として標的にする意向を示している。これにより、再生可能エネルギー分野やクリーンエネルギープロジェクトの成長が停滞する可能性がある。

2. 貿易政策とサプライチェーン

トランプ新政権の提案する関税政策は、サプライチェーン全体に波及する影響をもたらすと予測されている。これに対し、諸外国も報復措置を検討する場合、世界的な貿易摩擦が懸念される。このような動向は、エネルギー技術や資材の輸入にも影響を及ぼす。

3. 行政機関による規制変更

新政権下では、環境保護庁（EPA）やエネルギー省（DOE）などの主要機関に対する新たな政策発動の行動を開始すると見られている。例えば、排出規制の緩和や化石燃料プロジェクトの許認可プロセスが迅速化される可能性がある。

リスクが懸念される分野

- **運輸セクター：**電気自動車（EV）の普及促進政策の見直しや税制優遇措置の撤廃が予想される
- **発電：**石炭や天然ガス発電所への規制が緩和される一方、再生可能エネルギーの進展が停滞するリスクがある
- **洋上風力：**新たなプロジェクトへの支援が減少する可能性がある

加速が期待される分野

- **原子力発電：**超党派の支持を背景に、原子力発電所の新設や既存施設の延命が進むと予測される
- **ＬＮＧおよびガス中流インフラ：**パイプライン建設やＬＮＧ輸出の許認可プロセスが簡素化される可能性がある
- **地熱エネルギー：**地熱発電の推進に新たな政策支援が期待される

いずれも大きな変更が起こりうる領域であるが、自国の産業育成や競争力強化という観点からの見直しであろうことから、エネルギーを産業戦略の一部として考える基本思想は変わらないと思われる。

第3章

日本の電力のシミュレーションと今後の方向性

本章のポイント

- 慢性的な電源不足が予想されるなか、再エネに加えて火力を維持し、水素、CCUS、原子力の役割を最適化することでトータルコストも炭素排出も最適化可能
- 最終電力需要の増加を見越し、電源増強のみならず柔軟性を確保するための系統強化と、需要側制御が重要となる
- 上記の実現には電力業界だけでなく他ガス・石油など他エネルギー・インフラ・機器の業界横断での対応が必要

日本のエネルギー需給の現状

日本は２０２０年に、２０５０年までの脱炭素化を発表し、それに整合する形でグリーン成長戦略、エネルギー基本計画、ＧＸ戦略などを立て続けに策定している。日本でカーボンニュートラルを達成するためには、電力、運輸、産業、建物などセクターを超えた幅広い取り組みや、技術・制度・需要を含めた複雑な全体設計が必要となる。前提として日本の二酸化炭素排出の状況から見てみたい。

日本が排出する温室効果ガスは二酸化炭素換算で年間12億トンに相当し、その大半は産業、電力、運輸、建築物、農業の5分野から排出されている。最大の排出源は電力部門、これに産業と運輸が続く形となっている。また２０１０年から２０１９年にかけて、日本のエネルギー総需要は16％減少したが、その一部に寄与したのが全部門におけるエネルギー効率の向上である。日本の排出量は２０１３年から着実に減少しているが、２０３０年または２０５０年の削減目標達成に向けては各産業の取り組みが依然山積する。

部門別にエネルギー源を見ていくと、産業と運輸では石油、建築物はガスが大半を占めるが石油も一部使っている。電力部門は化石燃料、原子力エネルギー、再生可能エネルギーを組み合わせて利用している。このうち、国全体の脱炭素を実現するための一丁目一番地は、間違いなく電力部門である。世界各国でも、経済的に成り立つ形でシステムを脱炭素化することは極めて喫緊の課題となっており、それを加速するために、電力部門を最初のターゲットに定めている。日本も世界の脱炭素の先行事例に注意深くならい、GXによって市場を刺激して産業変革を加速させつつ、経済性を担保する取り組みに着手している。

本章で紹介するシミュレーションは、変革に必要なシステム全体のコストを把握し、エネルギーインフラに及ぼす影響を理解するため、各種前提やシナリオのもと2040年までの電力需給状況を1時間ごとにシミュレーションし、資源エネルギー庁の基本政策分科会にてヒアリング資料として共有したものである。このモデルでは、各種発電方式（従来型発電と再生可能エネルギーの両方）、マスタープランを踏まえた連系線増強、バッテリーなどの蓄電池、水素・アンモニア混焼および専焼、需要サイドの変化を考慮に入れている。今回のシミュレーションの目的は将来の姿を確度高く占うことではなく、ゴールとなる脱炭素を達成するために満たさねばならない条件や、その方策を横比較することにある点に留意していただきたい。

主要な前提については以下となる。

- 大幅な経済活動量の削減を前提としておらず、過去のトレンドや既存の生産設備、セクター別での需要想定等に基づき、産業部門ごとに見通しを計算。例えば2040年断面で日本人口は約1・1億人（足元約1・2億人）、粗鋼生産量は約1億トン（足元約9000万トン）。2030年までのDC電力需要はiDCのサーバー製造・輸出およびクラウド投資データに基づき、2030年以降のデータセンターの電力需要は内閣府の「高成長実現ケース」におけるGDP成長率を参考とし年率1・7％での増加を仮定
- 各シナリオにおけるCO_2制約は非電力・非CO_2まで含めた全GHG排出量の上限を、第6次エネ基における2030年目標であるCO_2換算760メガトンの半分である380メガトンと設定し、対して脱炭素後退シナリオでは排出量に制約は設けず、経済性の観点のみからコスト最小化を計算
- 各躍進シナリオにおける脱炭素技術については以下を前提としている
- 再エネ躍進シナリオではグローバル水準での再エネコスト削減に加え、ペロブスカイト型太陽光発電の商用化を想定
- 3技術躍進シナリオでは日本の水素基本戦略におけるコスト目標（水素1ノルマル立米当たり2030年30円、アンモニアは同10円台後半）の達成を前提とし、CCS長期ロードマップにおける目標値の上限から、2040年に国内で120

メガトンのCO_2が貯留可能と想定し、さらにCO_2の国外への輸送・貯留も可能と想定し事業のスケールアップおよびサプライチェーン成熟によるコストダウンも見込む

論点① 今後の最終電力需要はどうなるか？

：恒常的な電力不足傾向が続く

我々のシミュレーションでは、総エネルギー需要は2040年まで前述の人口や生産の前提や原単位の改善により足元比15％程度の減少を見込んでいる。そのうち電力需要のみを抜き出すと電化による需要増と省エネによる需要減が概ね均衡し、概ね現状レベルのエネルギー需要が維持される見通しとなっている。ただし企業がデジタル変革やＡＩ活用を加速させておりデータセンターを新設する動きが電力需要のさらなる押し上げ要因となることは間違いなく、さらには想定ほどのペースではないものの、運輸部門におけるガソリン車やディーゼル車から電動車へのシフトも考慮すると電力需要が将来的に減少すると想定されていたこれまでの状況は一変している。一方の供給側においては成り行きにおける火力の供給力は、2040年に火力の寿命を40年とすると、半減する可能性がある。新た

な電源投資がインフレや収益の予見性の観点から大幅に加速することが難しいとすると、需給全体では厳しい状況が発生しうる。

この恒常的な電力不足の傾向は今後も続いていくと考えられるが、需要の伸びに対して供給が不足するということになると、日本におけるデジタル投資のボトルネックというような課題にまで発展しうるリスクをはらんでいる。

論点② どのように柔軟性・調整力を担保するか？
：調整力としての火力は100GWを確保する必要あり

日本で脱炭素目標を達成するには、再エネを含めて、幅広いオプションを駆使する必要がある。そこで、洋上風力、陸上風力、太陽光などの再生可能エネルギーのみならず、水素やCCSなどの幅広い脱炭素の技術を踏まえ、どの技術が発展するかの不確実性も考慮し、2040年時点での発電ミックスのシミュレーションを行った（図表3－1・3－2・3－3・3－4）。

日本の気候は変化しやすく、時には多雨、台風、豪雪など厳しい気象災害に見舞われる。天候によって、電力の需要と供給のバランスが崩れてしまう場合がある。電力システムのバランスを図っていくためには、火力発電はもちろん、バッテリーや需要管理など

図表3-1 シナリオ間での発電部門における主要パラメーターの比較

		脱炭素後退	再エネ躍進	3技術躍進
最終エネルギー消費　PJ		10,841	9,673	9,753
電力需要　億kWh		10,922	10,950	10,877
電化率		36%	41%	40%
発電比率	再エネ	38%	55%	52%
	水素・アンモニア	0%	13%	3%
	CCS火力	0%	2%	21%
	非CCS火力	46%	15%	9%
蓄電池導入量　GW		17	24	6
発電コスト　円/kWh		12.2	12.8	11.6
発電由来CO_2排出量　百万トン		176	61	53

出所：McKinsey

様々な技術や手法を駆使しなくてはならない。特に蓄電池は重要であり、コスト低下と効率化が高まることが期待されている。

その一方で、たとえ稼働率が低くても、バックアップ電源としての火力発電設備は重要である。例えば日本では1週間かけて台風が列島を横断し太陽光や風力発電が使用できない状況が起こりうる。しかも島国なので他国から電力を融通し合うことはできず、したがって、調整力のニーズは非常に大きい。安定供給のためには、このような観点から脱炭素を進めつつも、2040年時点でも火力発電は不可欠であり、特にガス火力は水素専焼やCCSなどネットゼロ火力を併用しつつも現在より多い100GW程度

図表3-2 2040年において、再エネ・水素・CCSを最適に活用することで発電コストも発電由来CO_2排出量も最小としうる

2040年の電力供給におけるエネルギーミックス予測：億kWh

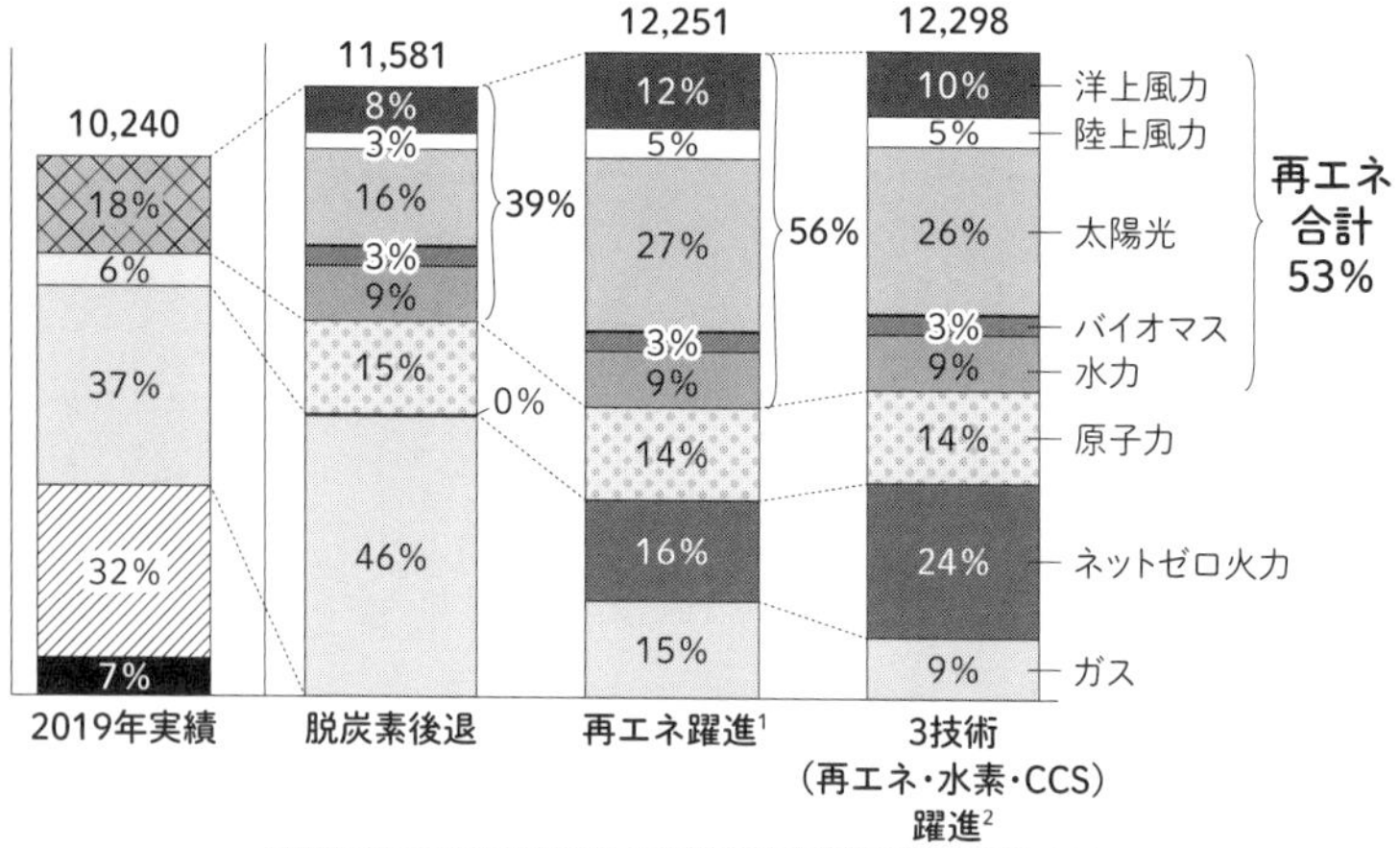

	2040年		
発電コスト 円/kWh	12.2	12.8	11.6
発電由来 CO_2排出量 百万トン	176	61	53

1. 再エネのコスト低下が特に早いペースで進むと想定。また、ペロブスカイト太陽電池等、新技術の導入により導入可能量も増大する想定
2. 再エネに加えて、水素およびCCUSの技術開発が盛んに行われ、コストが十分に低減されると想定

出所：McKinsey Global Energy Perspectives、McKinsey Power Model

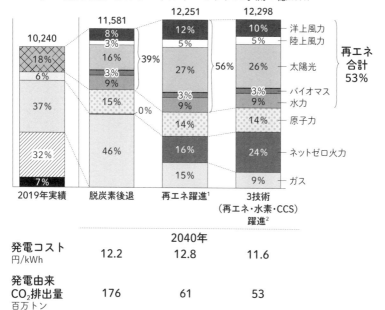

図表3-3　再エネ大量導入に対して、経済負担を抑えるためには、水素・CCUS技術に投資を行うことで両技術のコスト低減を目指し、調整力コストを抑える必要がある

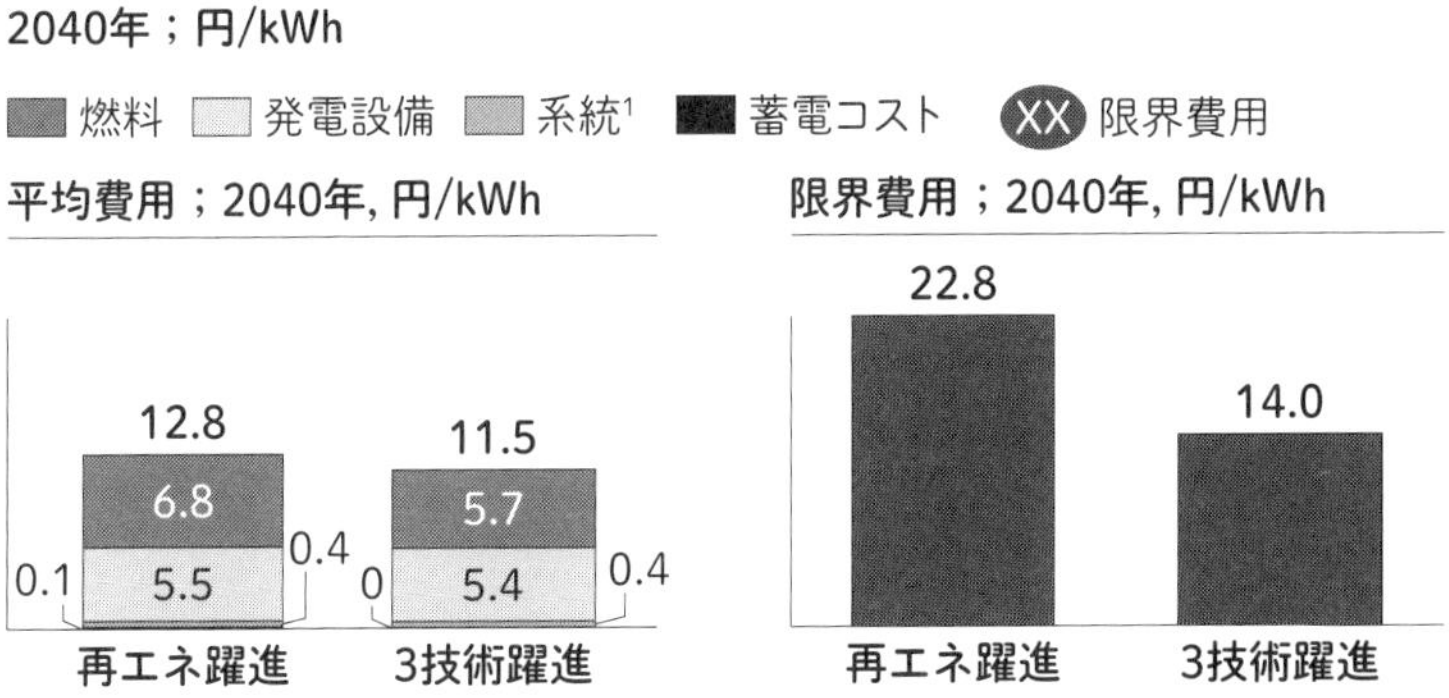

1. 系統コストにはOCCTOのマスタープランにおける系統増強費用、および太陽光・陸上風力発電の接続用追加費用を含む

出所：McKinsey Power Model

を確保していく必要がある。調整機能を担う電源については、必要な時に発電可能な能力に応じて対価が支払われる制度設計が進められているが、継続的な進化・見直しは必要となる。

シナリオ別のコストを表したのが図表3－3となり、3技術躍進シナリオが平均費用の面でも、限界費用の面でも最も安くなる。再エネのみの投資を進めるシナリオ（再エネ躍進シナリオ）では調整力のコストがかさむ。具体的には蓄電池が24GW（3技術躍進シナリオの4倍）必要となり、水素・CCSのコストが下がらないままに調整力としての活用せざるを得ないからである。一方、再エネポテンシャルを活用しつつ、ベースロードをCCS＋水素火力発電で補える3技術躍進シナリオは平均費用も限界費用も安くなる。

その上で柔軟性と安定性にとって重要な電源であるガス火力は、ゆくゆく水素やアンモニアを活用してネットゼロ火力を目指す必要がある。これらのグリーン燃料を使用した火力発電は一部で実証実験が行われているものの、大規模に展開するためには、価格の高さがネックとなるため、化石燃料との価格差を埋める値差支援の対象や期間をさらに拡大すると同時に、水素やアンモニア自体の生産・供給のコストを大幅に下げる必要がある。水素については技術革新も見据えながら原子力発電による水素製造（ピンク水素）にも期待が寄せられる。

論点③　地域間の連系線のキャパシティ制約をどう解消するか？
：送電マスタープランを実行してストレスを大幅に緩和させる

現在、東西分断が発生するのは年間の総時間のうちの一部に限られるが、今後需要地から離れた地方で再生可能エネルギーが大規模に導入される場合、送電網の増強や系統の運用方法の変更が必要になる。

図表3－4は、2040年に必要な発電容量と電源構成をエリアごとに示している。特に需要と供給にギャップが大きいのが東京、関西、中部である。東北・北海道エリアでは

図表3-4 2040年の日本各地域の発電設備容量および年間発電量

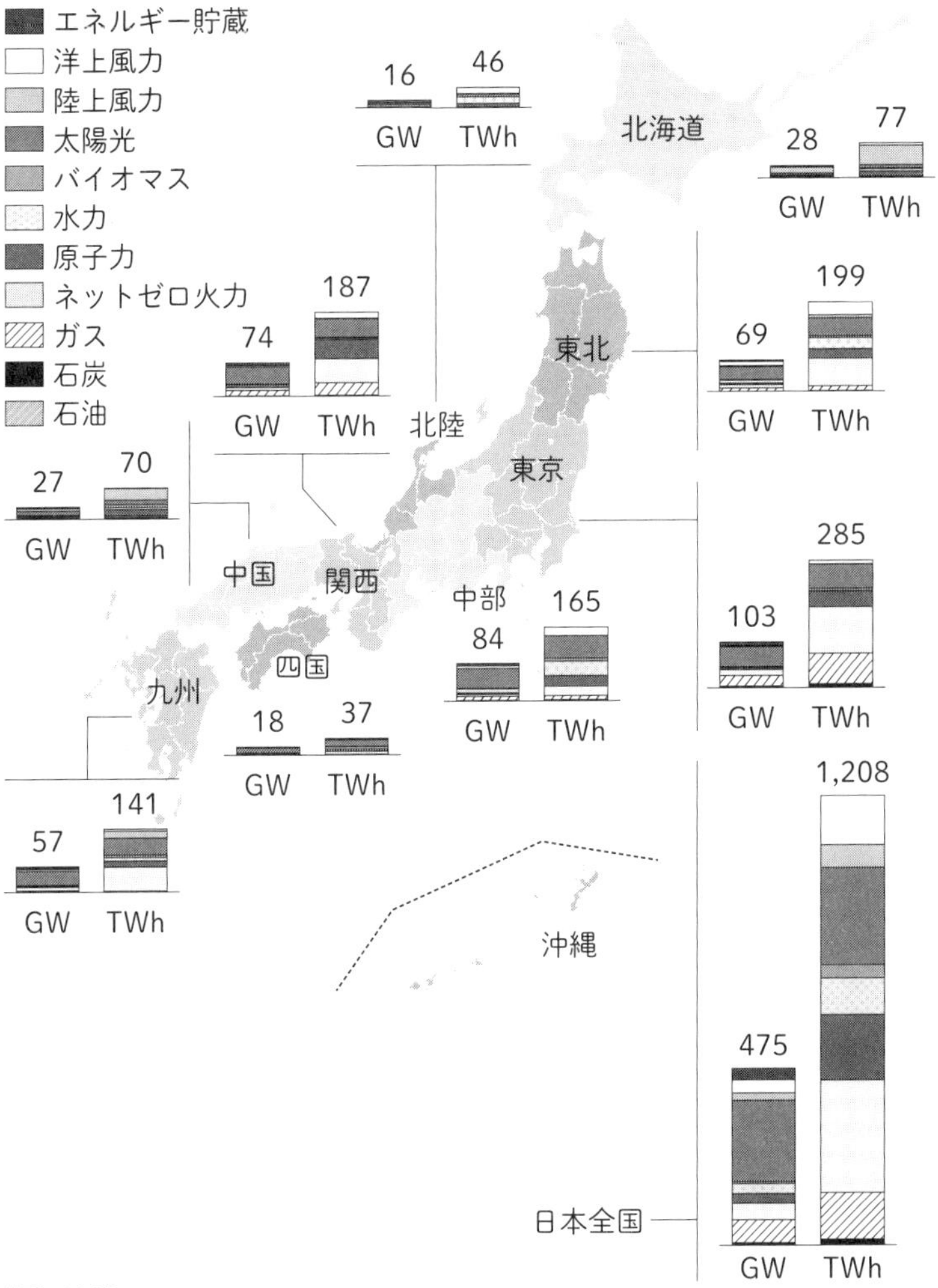

出所：McKinsey

図表3-5 連系線を流れる電力の潮流は大幅に複雑化し、ボトルネックとなる

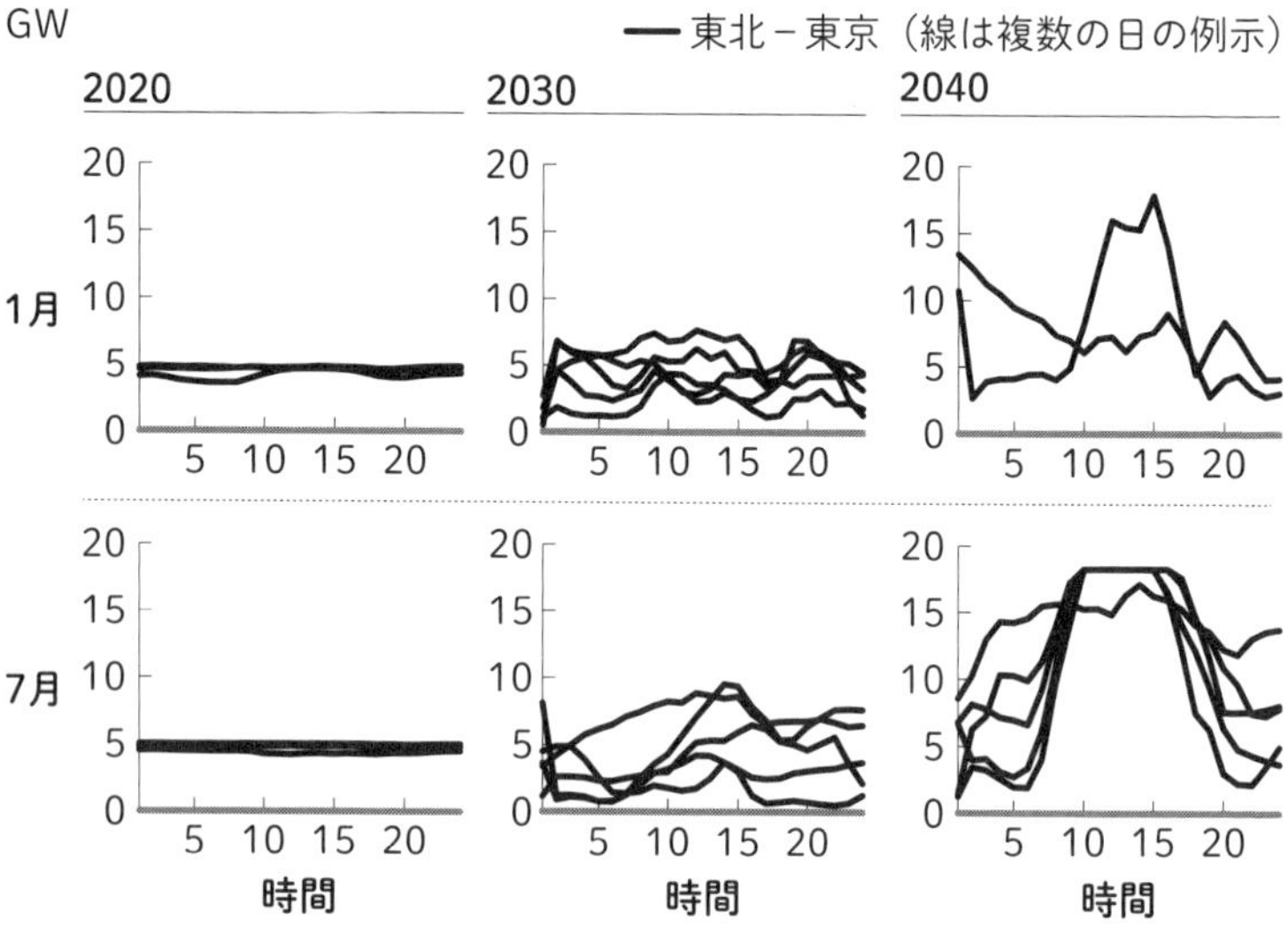

出所：マッキンゼーシナリオモデリング（増強幅の前提をおいて試算）

洋上風力による発電量が増えることが見込まれている。都市部で分散型太陽光による発電量が減少する冬期には、地域間で余剰電力を融通するニーズがより顕著になっていくだろう。

図表3−5は、電力需要の多くなる1月と7月について、東北と東京を結ぶ連系線の使用状況を示したものである。東北から東京への送電量は2020年現在もそれなりにあるが、東京から送り出す向きはなく、最大容量にはかなり余裕がある。2030年になると、再エネが増えるこ

とで電力不足や余剰分が発生し、連系線を流れる利用量はかなり変動するようになる。2040年には大幅な増強ができたとしても夏場が特に足りなくなる。各エリア別に需給ギャップを把握していくと、潮流の複雑化やキャパシティ制約は深刻となっていく。

シミュレーションを再生可能エネルギーの電源別にみると2040年の断面では、35GWの洋上風力発電、20GWの陸上風力発電、200GWの太陽光発電を電力系統に接続する必要がある。我々のモデルにおいてもこの解決に向けた送配電網の増強が極めて重要で避けて通れないことが示されているが、この解消に向け、北海道と本州間など主要ボトルネックの連系線を強化させることを検討しているのが国のマスタープラン（広域系統長期方針）である。B／Cによるリターンの評価が個別に行われているが再エネ受入れに重要な施策であり、目的とするベネフィットを享受するためにもコストの低減を含め重要な取り組みとなっている、工事を担う電工を含めた施工力人員不足についても解決策が必要となる。

論点④　需要側はどのような役割を果たすべきか？
∴需要側設備を最大限活用し電源不足を大きく助ける

需要管理の重要性は今後ますます高まると考えられる。費用対効果の高い電力システムを構築するには、電力需要の山と谷を平準化する必要があり、送電網のバランスをとるために、効果的なデマンドレスポンス（需要応答）や負荷シフトプログラムを実装することは、電力会社と需要家がともに便益を享受できるプロフィットシェアなどにつながる。需要家側、特に消費者を啓蒙し行動変容を働きかけるという視点も欠かせない。ピーク時には電力使用を控えてもらえるようにインセンティブを設計していく必要がある。

近年需要家である家庭や法人で、太陽光パネルや蓄電池、燃料電池、ヒートポンプが増加していることはその実現に向けた可能性を大きく高めている。普及ペースが遅れているＥＶだが、将来的な普及時においては、ＥＶユーザーや充電ステーションが電力会社と協力することで需要を管理しやすくなる。ＥＶの蓄電池を電力系統につないで充放電を行う「ビークル・ツー・グリッド（Ｖ２Ｇ）」のアプローチがますます重要な役割を果たすようになるだろう。これら需要側設備の活用のためにどのようにして大量の機器を分散制御するのか、その際の通信や機器をどう標準化してテクノロジースタックを設計するか、エネルギー企業を超えて機器／通信会社を含めた裾野の広い大きな産業のポテンシャルを秘めた領域となり、第４・５章で見る将来のエコシステムの構築の上で鍵となる。

S+「4E」に求められるコストとトレードオフ
：原子力の新増設はシナリオを大きく左右する

エネルギー転換には投資が必要である。風力・太陽光発電のコストは過去10年間で急激に低下しており、実際に、新規発電の中で最も安価な電源になることが広く期待されている。それでも、風力・太陽光発電の間欠性を補うためのバックアップ容量の必要性、送電網の整備、既存の従来型インフラの交換、暖房と輸送手段の電化にかかるコストはプラスになる見込みである。

図表3－6は、各産業でエネルギー転換にどれだけ設備投資が必要であるかをまとめたものである。ここではこれまでの電力シミュレーションよりさらに先の2050年ネットゼロを必達とした場合までをシミュレーションし、予想されうる投資の費用感の把握を目的としている。ネットゼロ目標を達成しようとすると、そうした目標を持たなかった場合と比べて、新しい発電と蓄電、関連する送電の接続だけでも、2050年までに毎年GDP比で1～2％の追加費用が発生すると推定される。年平均では700億ドルと、7兆円を超える規模になる。これらの費用をどのように負担するかは経済、社会、政治に影響を与え、公平性の観点も含めて考えていく必要がある。

図表3-6 **既存の技術ミックスを維持する場合と比較して、ネットゼロ経路においては平均で年間7兆円の設備投資が追加的に発生する**

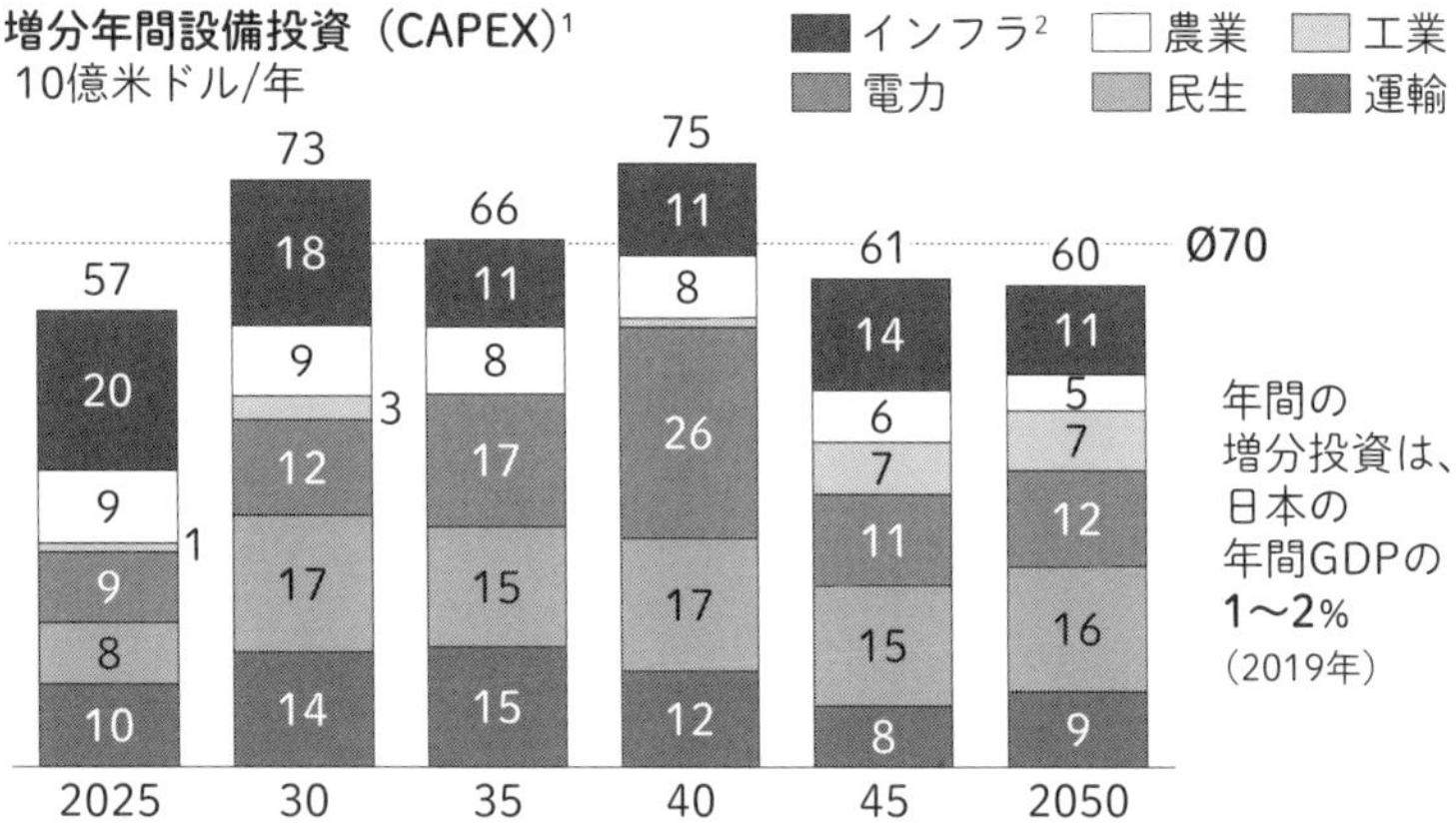

1. 直近5年間における5年平均値（例: 2025年は2021年から2025年までの平均）
2. BEV充電設備とFCEV水素ステーション、送配電網の補強、CO_2と水素の輸送インフラ、国産ブルー水素製造の設備が含まれる

出所：McKinsey Sustainability Insights Strategy Analytics

ここで電力に話を戻し、コストを減らす有効な打ち手を検証するために、シミュレーションではいくつかパラメーターの数値を変えながら、トータルコストと自給率について3つのシナリオ分析を行った。

1つ目はベースケースとして、2050年に再エネ約60%、原子力8%である。原子力発電所は17基が再稼働、建設中2基が稼働し、2050年に15GWの発電量になるという想定である。ケース2は、再エネの導入状況に関してあえてかなり楽観視し、再エネ約80%、原子力8%とするという想定である。

ケース3は原子力をもっと強化した場合である。再エネは約70%に対し、原子力は再稼働が29基、新規増設（13GW）などにより約20%（45GW）を想定した。

各ケースの平均排出削減コスト、電力システムコスト、一次エネルギー自給率の違いを示したのが図表3－7である。ケース2とケース3はどちらも、ベースケースと比べて平均脱炭素コストが低減し、一次エネルギー自給率も上がる。ここで着目したいのが、コストの低減幅である。ケース3のシナリオでは、脱炭素平均コストは70%近く、電力システムコストは2割近くの低減が見込まれる。原子力の再稼働は国民的な議論になっており、投資やリスク対応の整理、予見性の向上に関する議論は継続中である。しかし、COP28の提言にもある通り、原子力の活用の有無が日本のエネルギーの安定やコストを大きく左右することが、我々の分析結果にも示されている。

なお、原子力発電は原子炉の設計が複雑であること、材料、システム、部品の工業的な基盤が限定的で、特殊な製造プロセスや希少材料の必要性が高いこと、必要な専門知識を持つ技能者が不足し、経験豊富な原子力技術者が高齢化していることから、とりわけ難易度が高く対策は急がれる。

図表3-7 さらに2050年に向けては原子力発電の新増設は、脱炭素コスト・発電コスト・エネルギー自給率のいずれも向上させる打ち手となる

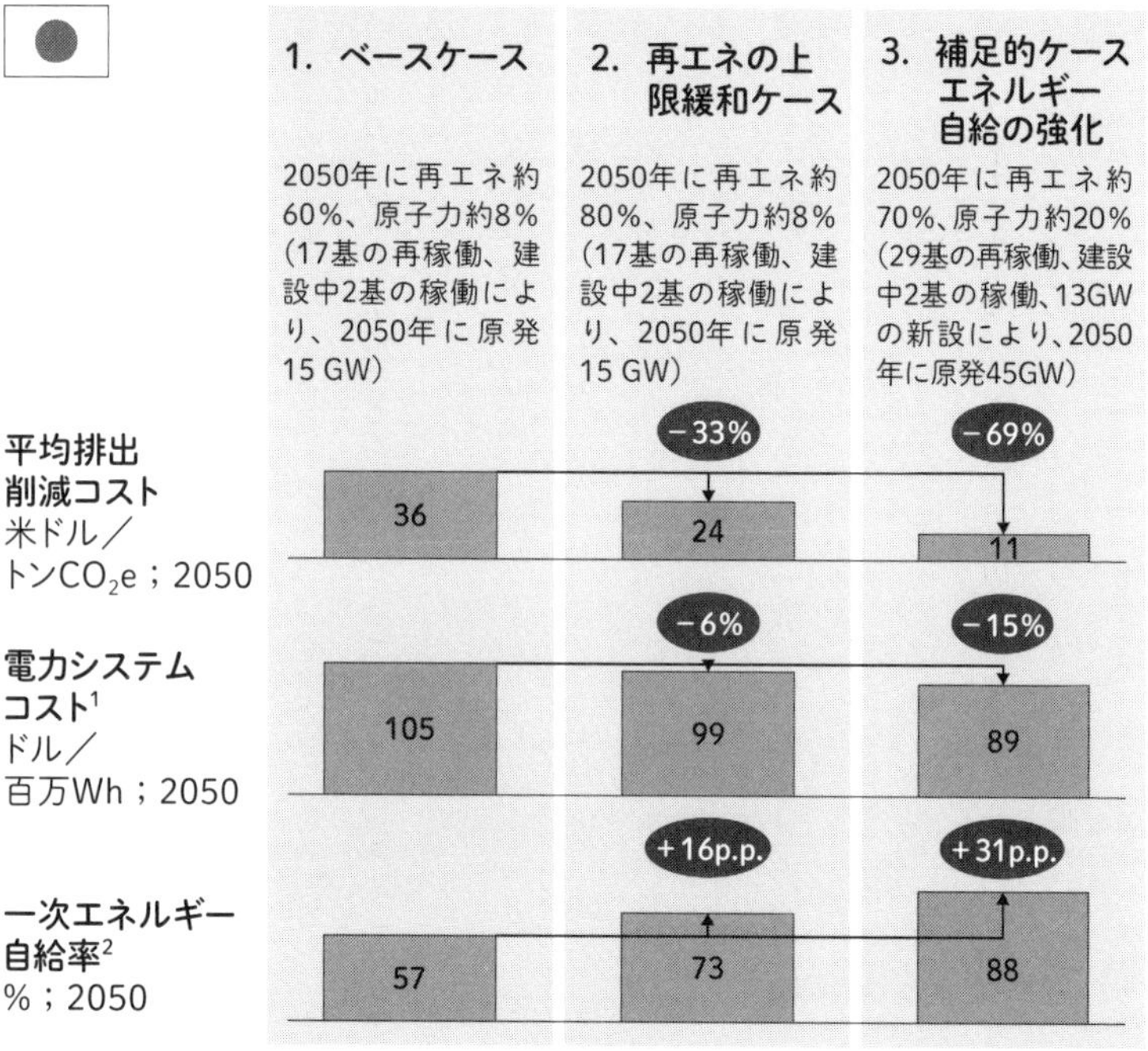

1. モデル化されたシステムコストのみ、市場の電力価格を表していない；可変再生可能エネルギーの採用と電力需要の増加をサポートするために必要なグリッド強化コストを含む
2. 原子力を国内再処理による自給に含めると仮定する；輸入に由来する水素とアンモニアの50%、バイオマス国内供給は最大2600万トン／年

出所：McKinsey Sustainability Insights Strategy Analytics

脱炭素化の方策とは?

長期的な視点に立てば、電力の転換はまだ始まったばかりである。２０５０年までにネットゼロを実現するという目標は、あくまでも目標である。２０３０年がすぐ迫っている中で、前提としてきた電力需要が大きく変化している。脱炭素技術に関する支援制度を含めて分野横断的な調整や技術開発を進展させる必要があり、日本の短期的・長期的な目標達成に向けた不確実性は非常に大きい。また、脱炭素の進展と関係なく電力コストは高まる傾向にあるため国富の海外流出を含め、これをいかに抑制していくかが社会全体にとって重要であることは否定できない。

このように電力は脱炭素の一丁目一番地でありつつ、１００％すべてを脱炭素化するコストの高さも浮き彫りとなっている。電化のみで脱炭素を進めるのではなく、ガス・石油など他のエネルギー資源を移行の過程で適切に活用しつつ、脱炭素燃料である水素・ＳＡＦも最適化しながら進めることが社会コスト最適化に必要な観点となる。特にシミュレーションの中で詳述しなかったＤＲなどの需要家側資源の活用は、大量の再生可能エネルギーを受け入れていくために必要となる電力インフラコストの構築を大きく抑制できる可能性を有している（再エネ導入率と相関し、必要性が向上していく）。

ここまで日本の固有性や電力の動向にフォーカスをした話をしてきたが、次章では、少し視点を変え、日本が置かれている状況からエネルギー事業者の今後のあり方を考えてみたい。本書の目的は長期の視点をもつことであるが、ここは実際の対応の中心となる電力事業者の状況を見てみたい。

コラム

日本におけるネットゼロへの道筋

マッキンゼーは2021年に、日本がネットゼロを目指す際に必要となる供給側と需要側の変化について前述したシミュレーションを実施した。日本がネットゼロ目標を達成するシナリオは多数存在するが、我々は政策立案者や企業の意思決定者などの視点から、あらゆる投資に関する社会的割引率を4％として「社会的にコスト最適化」できると考えられるシナリオをモデル化した。現状とはパラメーターの前提を含め状況が違う面もあるが参考までに提示させて頂きたい。

我々が描く脱炭素化へのシナリオは、現在の政策的、社会的、技術的条件のもとで生じる事象を予測するものではない。また、日本国内の各企業や個人が抱えるあらゆる個別の状況を網羅するものでもない。我々の意図は、政策立案者や経営幹部の計画立案に資する情報を提供し、政府が設定した削減目標は技術的に達成可能であることを示すこと、および、目標達成に必要な変革が持つ意味合いを検証することにある。このシミュレーションで用いたのは、第1章でも触れた方式のうち、設定したゴールに必要な道筋を逆算するバックキャスト方式である。

図表3－8は、2050年の温室効果ガスの排出削減目標の達成に向けて限界削減費用曲線（MACC）を表したものだ。この限界費用曲線とは横軸にCO_2削減量を、縦軸に二酸化炭素1トン当たり平均削減コストをとったものであり、1990年代にマッキンゼーが提唱した見方であり、その後スタンダードな分析手法として広く目にするものとなっている。棒グラフはそれぞれ、現行方式に代替する新たなCO_2低減技術である。図の右端の数字は全打ち手の平均値であり、36ドルである。

ある技術施策がマイナスになっている場合、現行方式と比べて新方式のほうがCO_2削減におけるトータルコストが安くなる。プラスの場合はその逆で、費用をかけないとCO_2が削減できない打ち手である。例えば、図の左下の民生領域でのヒートポンプ導入や輸送領域のEV導入といった打ち手は、インフラコストを除けば、現行方式よりも経済的メリットがある形で脱炭素が可能であることを示している。

他方、右上の領域には産業分野や電力分野の打ち手が多い。石油化学コンビナートの場合、エチレン生産など原料や化学反応熱の創出に大量のエネルギーが必要にな

り社会的コストが増加

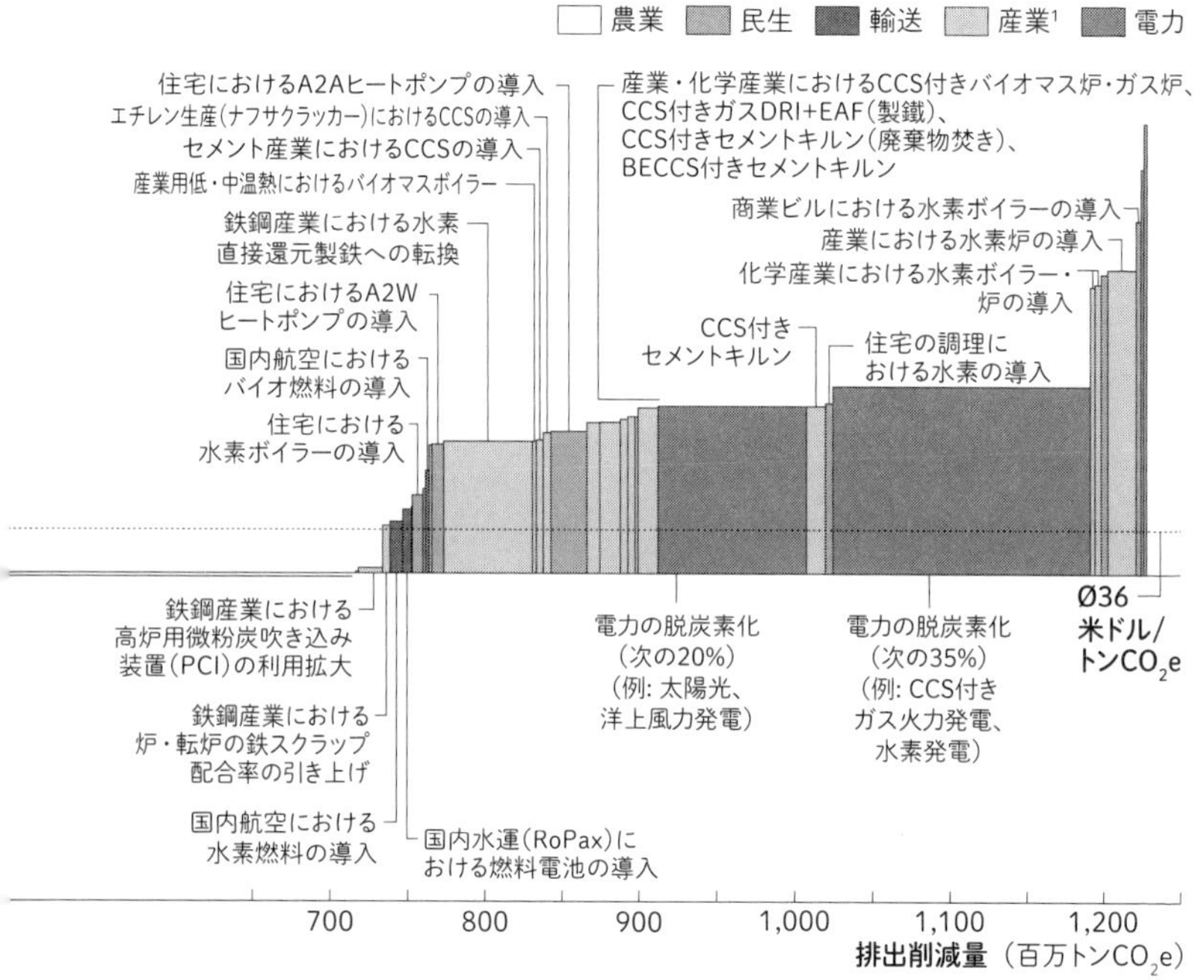

業を示す

図表3-8 2050年に向けては、水素やCCS等高コスト技術の導入によ

2050年目標達成に向けた温室効果ガス排出削減コスト曲線

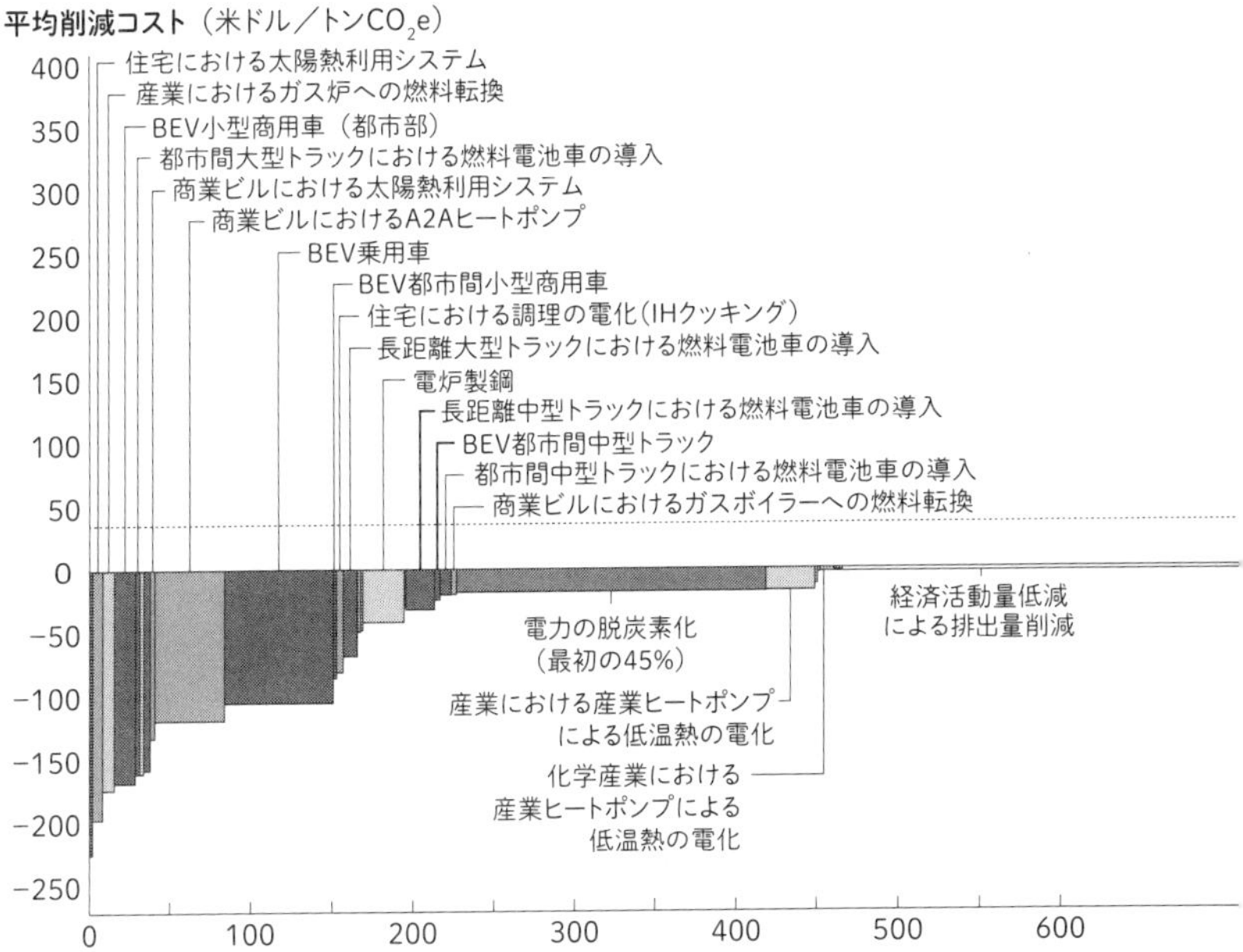

1．廃棄物処理とフロンガスを含む
注：施策のラベルでは、「産業」は鉄鋼、セメント、化学、エチレン生産、アンモニア生産以外の産
出所：McKinsey Sustainability Insights Strategy Analytics

図表3-9 逆算に基づくネットゼロ実現に必要な移行ペース（日本のネットゼロシミュレーション）

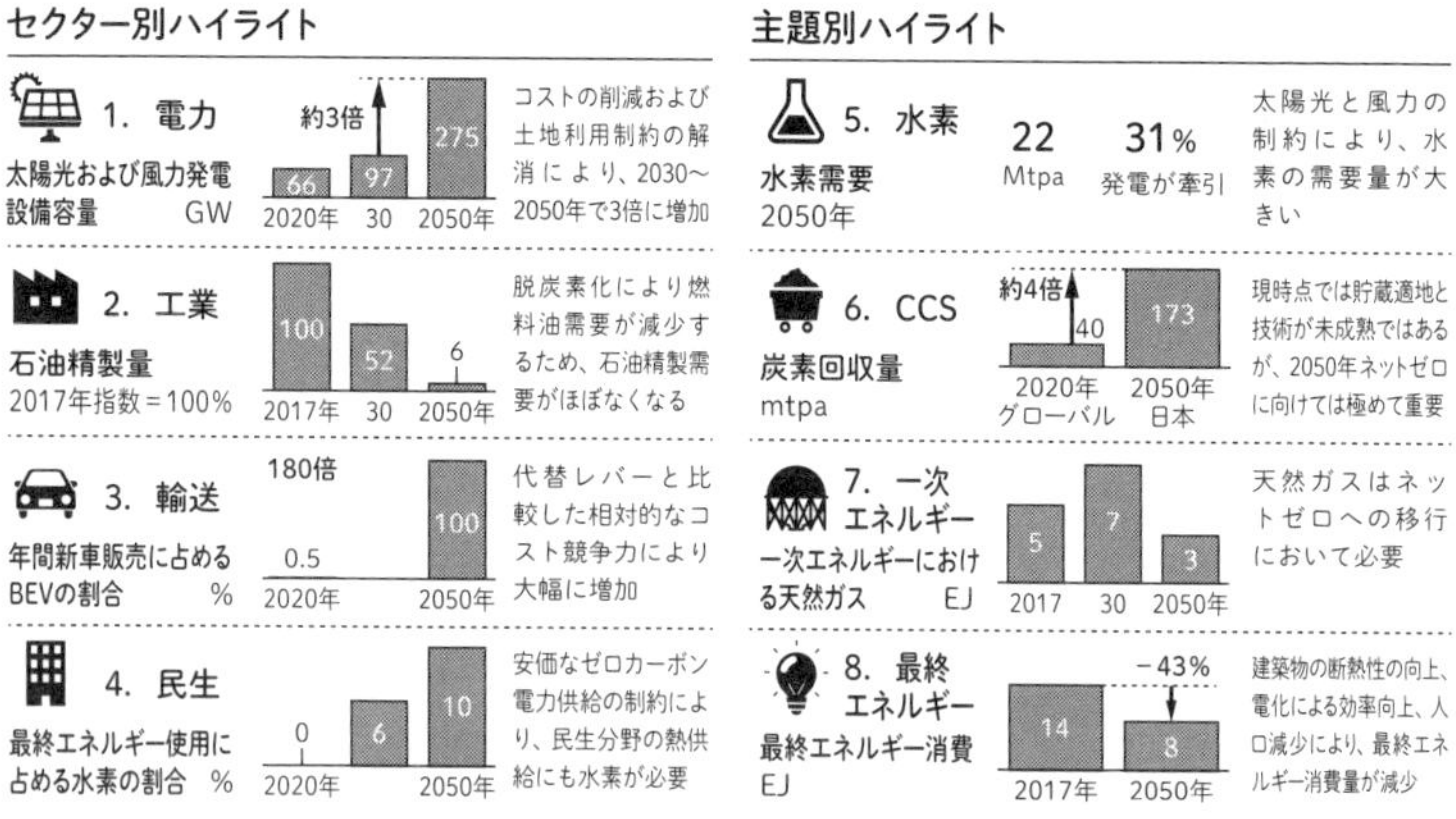

出所：McKinsey Sustainability Insights Strategy Analytics

る。電力においては、洋上風力や水素やアンモニアを用いた火力発電がコストを押し上げる要因となっている。日本では、低炭素水素やCCUSといったより高コストの技術に依存しないと、電力部門の脱炭素化は達成できない。さらに、国内で水素を製造する際に必要となるゼロカーボン電力が大量に不足していることも、水素コストを押し上げる要因となっている。

これらの施策の導入推進には、脱炭素技術の進化とともにGXで検討されているような成長志向型の炭素税などの導入が重要になる。

図表3－9は各産業部門に必要な

施策をまとめたものである。低炭素技術への移行にあたり、消費者および企業には適切なインフラが必要である。例えば産業部門の企業は、回収された二酸化炭素を処理する適切な専用パイプライン、輸送、貯留インフラが整備されて初めて、CCS／CCUSソリューションを導入できるようになる。インフラの整備状況における格差は、立ち上げ段階の技術開発や導入にも影響を及ぼす。再生可能エネルギー開発者は、新たな発電所を大幅な遅延なく送配電網に接続できるという確証があって初めて投資に踏み切る可能性が高い。このためインフラ増強の遅れは、ネットゼロに向けた移行を停滞させる恐れがある。一方、早期導入を図れば、加速化が可能である。

市場開発の先行きが不透明な場合は、インフラが整備されていたとしても、資金を回収できないリスクが生じるため、投資家は投資を判断しづらい状況にあり官民両方での取り組みの工夫が必要となる。例えば、民間企業は他社と一緒に合弁事業を立ち上げれば、リスクが分散され、大規模なインフラプロジェクトを開始しやすくなる。公共部門は、民間部門が送配電網の増強などを行った場合に投資回収ができるようなメカニズムを明示する必要がある。設備投資のやり方、将来的な市場開発、実行可能な市場メカニズム、ステークホルダーの関係性の複雑さはインフラごとに異なる。

コラム

世界の先進国は原子力発電をどう活用しているか

次期エネルギー基本計画において原子力の位置づけが明確になるなか、今後どのくらいの発電量やタイミングで稼働するのか、また、火力電源の不足分を補うために将来的にどのくらいリプレース・新設されるのかによって、脱炭素化への道筋は異なってくる。しかしその見通しが立たない限り事業者は利益の見通しが立てづらく、今後どれだけリスクを取れるのか、新しいエネルギーや事業にどれだけ投資できるかの判断がつかない。世界各国も似た状況にあり、国としてのサポートを強く打ち出す流れが明確となっている。

原子力発電事業に伴うコストとリスク

日本の原子力政策は国策民営という言葉で表されるように、国主導で原子力が導入されつつ、事業は民間の事業者がすべての責任を持って行う類型である。開発・建設・所有・運用・廃炉や事故時の補償を含めて民間事業者と国が役割分担をする諸外国と比べてリスクも責任も最も大きい類型ということになる。

こうした背景があるため、日本の電力会社にとって原子力事業の意思決定は非常に複雑性が高い。国全体で見た時の最適を踏まえたとしても、各種リスクの観点でも慎重にならざるをえない構造的な課題がある。

まず立地の観点からは長い時間をかけた地域の理解・合意形成が必要である。建設コスト面でもインフレによる資材高騰や施工力不足、規制変更で工期が延びれば何千億円という単位で、追加のコストがかさんでいくため、非常にリスクが大きく、同様に運用保守リスクについても予期せぬ稼動停止が発生した際の収入減のインパクトは巨額となる。

さらには技術以外でさらに不確実なものとして、災害・テロや、規制や司法や政治の判断や先行きも何より大きく、その上で事業者は地元対応を行う必要がある。このように自由化事業でありつつ上記リスクを事業者が内包して経営判断を求められるのが原子力事業の複雑さ、困難さである。エネルギー基本計画で打ち出された「原子力の最大限の活用」の方針の元で事業を着実に進めるためにも、これらリスクの分配・低減を国も業界も探っていく必要がある。（図表3－10）

国の支援策が不可欠

欧州を中心に国策として支援しようとする動きを見てみたい。政府補助の代表例が、ＣＦＤ（値差支援）とＲＡＢ（規制資産ベース）だ。ＣＦＤは原子力発電施設の稼働水準を維持できるように、瞬間的に価格が下がっても、政府が事前に決めた価

図表3-10 政府のインセンティブは、不確実性を低減し、収益性を確保した原子力事業の推進を後押しする

インセンティブの種類	概要	ボリュームと価格リスクの軽減	その他検討事項	例（非網羅的）
差金決済取引（CFD）	**発電事業者希望固定単価（ストライクプライス）と現在の市場価格の差分**を政府がエネルギーユーティリティに対して補填する（またその逆）	ストライクプライスが建設費に基づいて調整される場合は、完全にリスク回避される可能性あり	該当なし	Hinkley Point C（英国）
規制資産ベース（RAB）	政府の許可を前提に、エネルギー事業者は建設段階（**許可された収益**）中に既に利用者から費用を徴収し、運用中に市場収益から、その収益を差し引いた金額を受領する		該当なし	Sizewell C（英国）
政府としてPPAオフテイク	**発電所のライフタイムで発電する電力の一定量また全量を、政府とPPA契約締結**（発電費用に応じて）、その上で卸売市場で販売か、再PPA契約を締結	完全にリスク回避される	該当なし	D.ukovany（チェコ）
建設済み発電所の買い取り	**政府が発電所の開発・建設を実施**し、CODの際に最高入札者に販売	エネルギー事業者は、市場価格を予測し、それに応じて発電所を購入する必要がある	建設リスクは完全に回避可能だが、市場へのエクスポージャーはある程度存在	ポーランド核プログラム
固定フィードインプレミアム（FIP）	政府は、市場価格の動向とは無関係に、エネルギー事業者に**市場価格に加えて一定のプレミアム**を支払う	エネルギー事業者は、市場からの収益に加えて固定価格の支払いを受けるが、依然市場エクスポージャーあり	潜在的な利点市場価格の上昇	イタリア政府（停止）
PPAプール	政府は、産業界に提供される価格が風力と原子力のPPAの平均になるように**PPA市場を統制**し、それぞれの発電事業者が適正な金額を受領できるように補償する	原子力エネルギーは、PPA市場で競争力があるが、PPA需要が低い場合は、依然卸売価格に依存	該当なし	EU電力市場改革に対するギリシャの提案
PPA保証	**オフテイカーがデフォルトによる支払い困難**、および破産宣言をした場合に、**政府がエネルギーユーティリティを補償**	エネルギー事業者は、PPA市場の価格動向に完全に依存	該当なし	フランス政府（RES電力500MWの閉鎖を可能にする基金を設立）

出所：McKinsey

格まで補塡する仕組みである。これは、イギリスが導入しているものでＲＡＢは大まかにいうと総括原価に近い考え方であり、かかったコストに追加のマージンを保証する方法だ。インフレによって開発費が増えているため、民間事業者はコスト抑制に努めているが限界もあり、欧州では政府が支援することが議論になっている。

他には、国が余剰電力を買い取る方法もある。日本では太陽光を導入するときにＦＩＴ（固定価格買取制度）を用いた。これは、再エネでつくった電気を電力会社が一定価格で一定期間買い取ることを国が保証する制度で現在大型の太陽光や洋上風力ではＦＩＰ（フィードインプレミアム）制度に移行している。これは買い取り保証はあるものの一定程度は市場リスクにもさらされるようにバランスをとったものでありイタリアなどはかつて原子力発電にもＦＩＰ制度検討があった。

日本においても昨今の電力をめぐる環境変化を踏まえて事業者支援へのニーズは高いと思われる。また、最終処分について、日本では現在一部自治体が受け入れ表明している。しかし、全国的に見ると絶対量はまだ不足している。実際の支援の度合いは国によって異なるが、アメリカでは最終処分は国の責任で行うなど海外の進め方は多用であり、日本においてもこの領域での政府による支援のあり方の検討は、原子力の最大限の活用に向けた大きな後押しとなる。

第4章

日本の電力事業者が直面する課題

本章のポイント

- 東日本大震災以降は電力システム改革や、再エネ、デジタル化などの同時対応を迫られた転換期にある
- 発電（電源拡充：再エネ拡大、火力脱炭素化）、送配電（信頼度・レジリエンスとコスト）、小売（価格変動リスク、デジタルアタッカーの脅威）で個別課題が顕在化
- デジタル技術の活用で効率化や最適化を進め、新スキル獲得や事業モデル変革による成長への道筋が必要

日本の電力会社は戦後、一般電気事業者として10社が地域ごとに割り振られ、発電、送配電、小売事業を担ってきた。その後、2016年に小売部門が全面自由化され、2020年には送電部門が分社化されたことにより、現状では異業種からの新規参入が可能になっている。本章では、従来の大手電力会社を念頭においてどのような課題に直面しているかを見ていきたい。

電力事業（発電、送配電、小売）の事業収益性

電力3事業の収益性は時代とともに変わってきた。日本は自由化して現在の評価について議論がなされているが、自由化を先行した海外を見てきても歴史的に幾つものトレンドを経て現在に至っている。欧州の状況を見ると、2000年代には送配電事業が非常に収益性が高く、電力各社は同事業に注力していた。その後、規制が強まり収益性が低下すると、発電事業、とりわけ火力発電に積極的に投資するようになった。2015年以降はサステナビリティ（持続可能性）が重視され、今度は再エネ事業へとシフトした。近年ではウクライナ紛争やインフレを背景に、高くつく再エネには逆風が吹いているが、中長期的には発電でも送配電でも関連事業は有望視されている（図表4－1）。

一方、電力小売事業は基本的に薄利多売のビジネスモデルといえる。規制されていた時代には、地域独占により安定的な収益を確保することができたが、自由化によって競争が激化した。そこに再エネによる価格変動も加わったことから、ハイリスク・ローリターンの状況が続くと見られる。ただし、優良顧客をつかみ、電力以外のサービスも扱うソリューションビジネスの立ち上げ、価格変動に対するリスクマネジメント、トレーディングに優れている小売事業者は高収益を享受できる可能性がある。

このように規制や外部環境に大きな変化がある中で、構造的な大きな変化が生じているのは再エネの増加と分散化の流れである。従来の発電から送配電、小売へという一方通行に流れる電力の物理的な流れ自体が変化することとなり、今は上流の発電による大きな変動と下流の需要変動を吸収し、バランスをとるという非常に高度な調整機能が求められている。発電事業は火力を活用して供給サイドからの変動吸収機能、送配電は需要と供給をマッチングするバランシング機能、小売部門は需要家側と電力のネットワークをつなぎ需給調整する機能というように、それぞれの立場で新たな収益源を見出す可能性が出てきている。

日本の電力品質（平均的顧客における停電の時間：ＳＡＩＤＩ）

日本の電力会社のＳＡＩＤＩ（System Average Interruption Duration Index、平均的

図表4-1 電力内でのプロフィットプールは再エネや送配電、ニューダウンストリームに移行しつつある

欧州におけるプロフィット（EBITDA）プール試算値；10億ユーロ

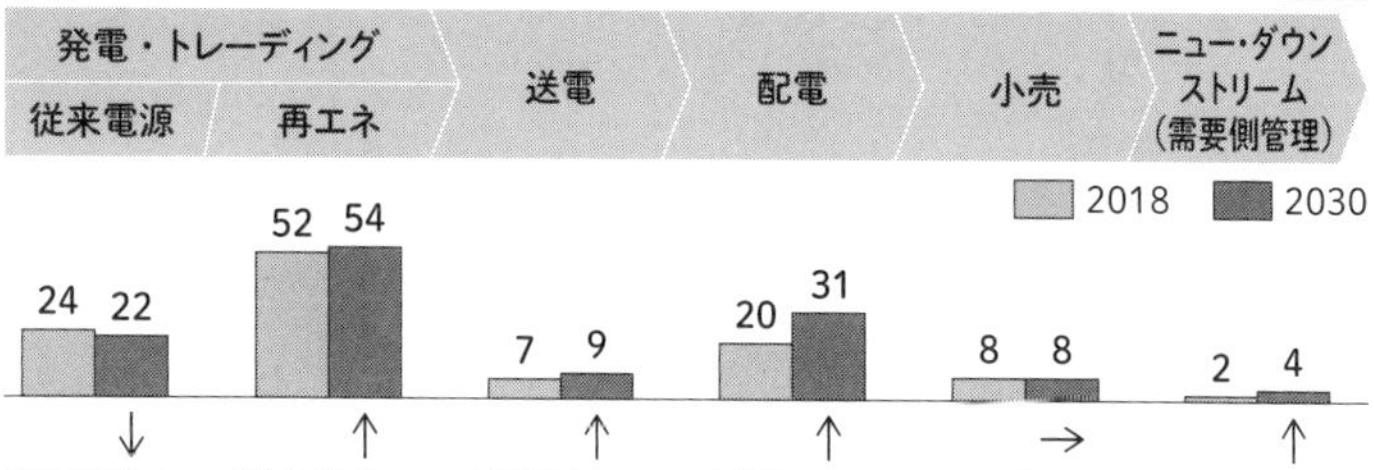

	従来電源	再エネ	送電	配電	小売	ニュー・ダウンストリーム（需要側管理）
変化の契機	脱炭素化の加速 投資家の圧力 ベースロード電源への価格圧力	競争激化、価格圧力 大規模投資の必要性	政策的なコスト低減圧力 大規模投資の必要性	政策的なコスト低減圧力 大規模投資の必要性	コモディティ化による競争激化 レガシー的な事業構造	現状の市場構造では、十分な収益化は見込めず 技術的発展（例：デジタル化、EV）
勝ち筋	調整能力の向上と収益化 徹底したオペレーション効率化 設備投資の最適化・厳選	投資開発案件の選定・管理能力 規模の拡大によるコスト競争力 安価な資本コスト	コスト競争力 安価な資本コスト	コスト競争力 安価な資本コスト	コスト競争力	明確な収益化モデル、規模の確保 技術的な先進性（IT、ソフトウェア）

注）日本においては事業報酬率の違いにより異なる方向（送電・配電）

出所：McKinsey

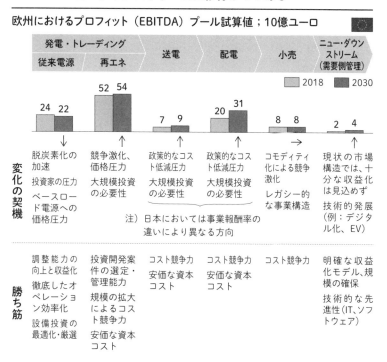

図表4-2 日本の電力の供給安定性は災害時を除けば世界有数の水準

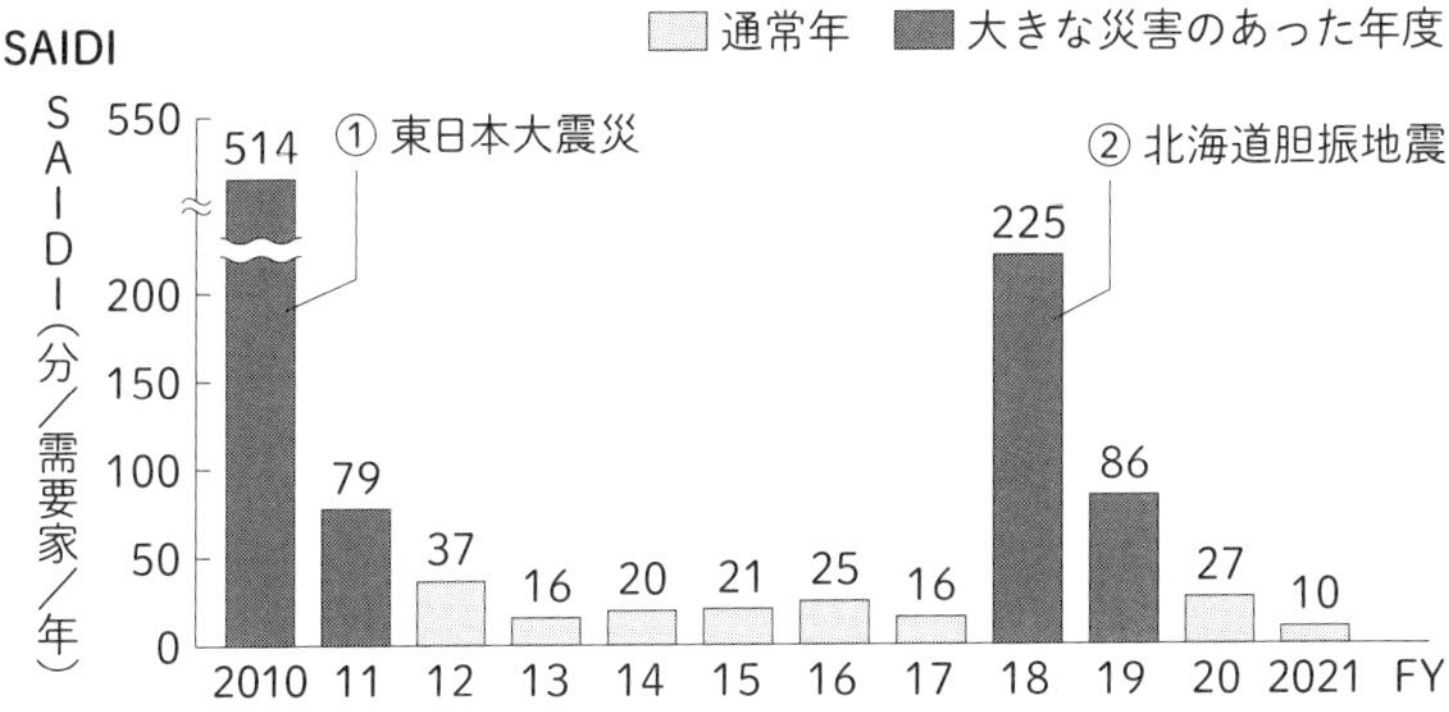

出所：McKinsey

顧客における停電の時間）は、世界の先進国と比較しても極めて低い水準にある。SAIDIは電力供給の信頼性を測る指標で、年間の顧客あたり停電時間を示すが、日本では平均して年間数分から十数分程度であり、欧米諸国と比較しても突出して短い。例えば、アメリカやヨーロッパでは、年間数十分から数時間程度の停電が一般的である。

この高い信頼性は、日本の電力会社が設備保守や更新に膨大な投資を行い、自然災害や事故による影響を最小限に抑える仕組みを整えていることによる。特に、台風や地震といった自然災害が頻発する環境において、送電網の2重ループ化などの導入が信頼性向上に寄与しているのと、緻密な保守計画や迅速な復旧体制も世界的有数のものである。このように、日本の電力供給は、長年をかけて世界の先進国の中でも際立って高い水準をエコシステム全体で構築してきたといえる。

この状況に大きな変化をもたらしたのが、東日本大震災後を境に大きく進展した電力システム改革である。ちょうどおりしも再生可能エネルギーの導入も世界的に進展しつつあり、日本の電力会社は海外企業が20年かけて段階的に取り組んできた脱炭素化（再エネ導入）、分散化、デジタル化、自由化の大変化に同時に直面することとなった。

ここで発電、送配電、小売の各事業セグメントについて、どのような変化に直面し、どのような点を克服すべきなのかを概観していきたい（図表4－3）。対応すべき課題は以下のように、事業別テーマと全社テーマに分かれる。

発電事業の現状：新たな需要増に対応できるか？

多くの産業で日本の人口減少に伴い需要は減っていくことが予想されているが、電力需要は今後さらなる成長が見込まれている。図表4－4に示すように、発電容量、発電量はともに右肩上がりで、今後20、30年間で2～3割増加すると見られる。というのも、これまで化石燃料を用いてきた自動車や冷暖房設備などの電化が進んでいることに加えて、第1章でも述べたように生成ＡＩなどデジタル化に伴う新需要が出てきているからである。

図表4-3 電力会社が経営上直面する主要な課題

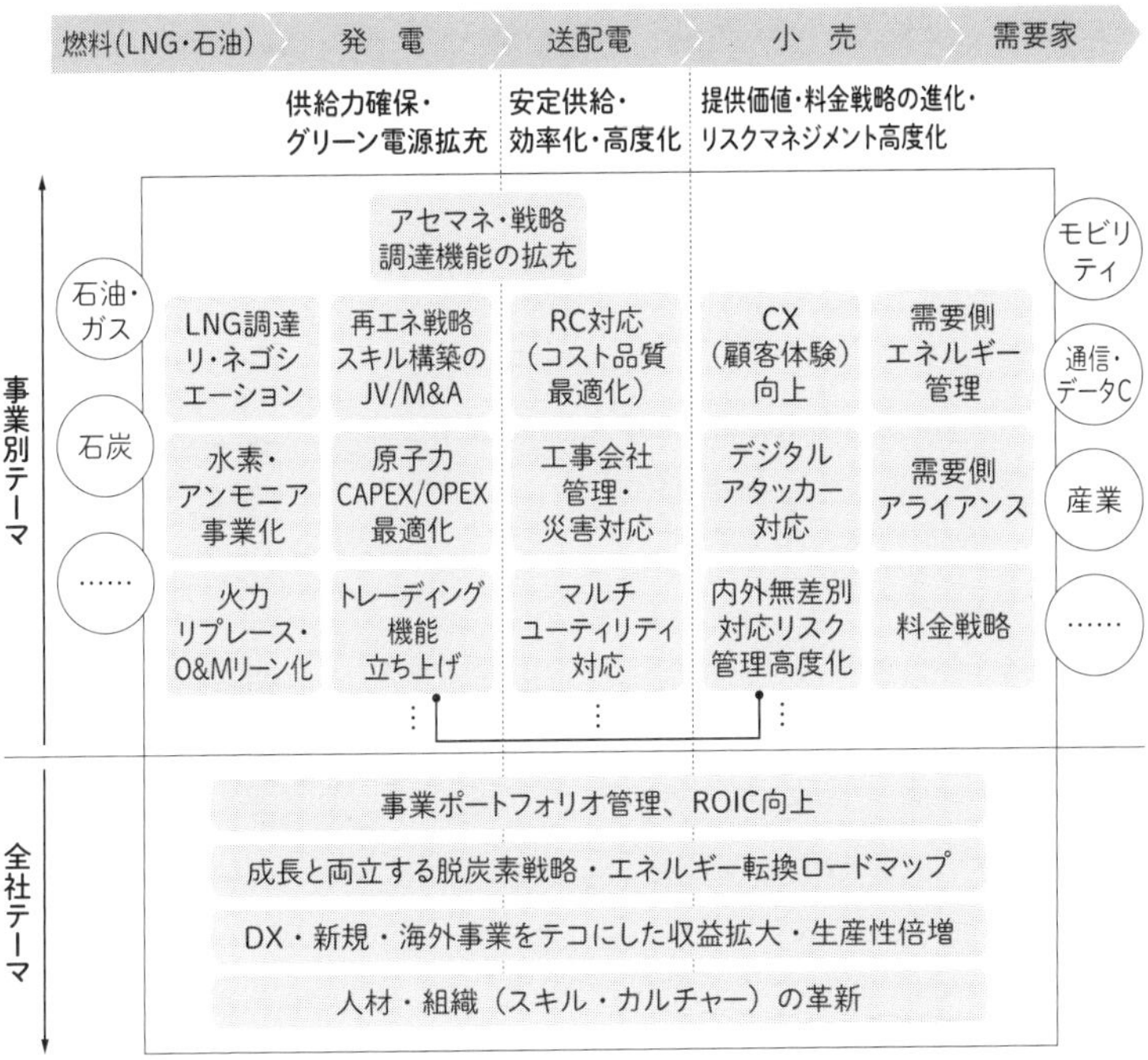

出所:McKinsey

図表4-4 **2050年に向けて再生可能エネルギーの導入が進んでも、火力発電は引き続き重要な役割を果たす**

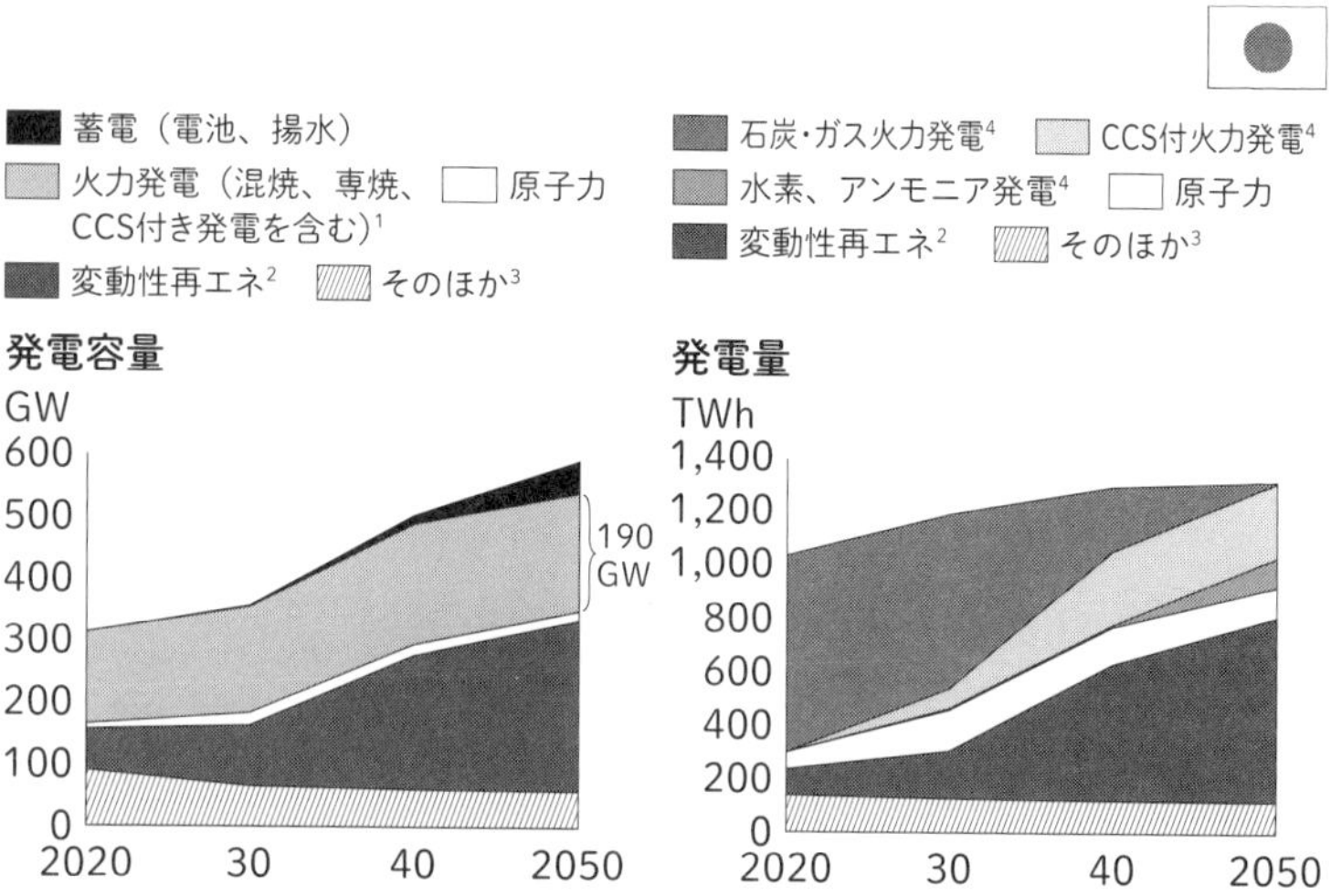

1. 石油・石炭・ガス火力、CCS付きの石油・石炭・ガス火力、アンモニア混焼・専焼、水素混焼・専焼が含まれる
2. 事業型太陽光、屋根型太陽光、陸上風力、洋上風力が含まれる
3. 水力、バイオマス、地熱、石油火力発電が含まれる
4. 発電容量の「火力発電（混焼、専焼、CCS付き発電を含む）」カテゴリに、発電量の「石炭・ガス火力発電」、「水素・アンモニア発電」、「CCS付き火力発電」が含まれる

出所：McKinsey Sustainability Insights Strategy Analytics

その増加を支える電源として再エネに注目が集まることが多いが、種々の制約もふまえると当然上限がある。特に短期で大容量の電源を確保するには原子力発電所の再稼働と既存火力の役割が極めて重要である（原子力についてはコラムを参照）。

火力発電の活用と脱炭素化：新技術とデジタルの活用

足元の火力発電の設備容量を見ると、休止や廃止によって2016年から2023年までの7年間で16ギガワットが減少している。供給計画によると、2025年以降は火力発電設備の休廃止が続くため、2027〜2033年頃には現在よりも減少する。

一方、ここで第3章で紹介したよりも厳しいシナリオとしてコラムでも紹介した2050年ネットゼロからバックキャストした場合のシミュレーション（図表4－4）で火力の必要量を概観すると、2050年時点で必要な（ネットゼロ）火力発電は190ギガワットに及ぶ。これを脱炭素化と安定供給のバランスをとりつつ、どのような構成で今後電源投資を進めていくかは、発電事業者およびシステム全体にとって非常に大きな課題となっている。

火力発電の脱炭素化に向けて、水素やアンモニアを燃焼する方法や、排出されたCO_2を回収するCCS型の火力発電などに期待が集まっている。2035年の火力設備が仮に40年間稼働するとした場合のトータルコストを試算すると、数十兆円のコストのうち回収が見通せるのは、国の支援を含めても半分程度で、残り半分については現状では事業者負担の状態になり不確実性が完全に払しょくされたわけではない。

もともと火力発電設備は固定費が大きく、長期的に予見性が高くないと民間事業者は投資に踏み切ることが難しい。しかし、単純に再エネで火力発電分を埋め合わせられたとしても安定供給の確保はできず、火力発電そのものの競争力を高めコスト低減をもう一段進めなければいけない。

日本の火力発電事業者は燃料効率性と信頼性では世界をリードしてきた。これは、火力発電所の稼働時間が長く、燃料費も高いことから、燃料効率化の取り組みが推進されてきたことが背景にある。また、信頼性を第一に掲げて経験ある運転員・保守員が人手をかけて高頻度で点検を行ってきたが、事業環境が変化している昨今においては、それだけでは競争力を保てなくなっている。特に急務なのが、オペレーションとメンテナンスのコスト効率を高めることである。マッキンゼーは世界中の発電所について運用保守コストのベンチマークを有しているが、運用に関するコスト競争力は日本の大手電力会社は世界トップレベルであり、世界の全発電所を並べていくと、上位4分の1に入る。

その一方で保守のコスト効率になると、競争力は一気に低下する。これは現場の協力会社に委託するまでに、何段階もの委託がなされる構造にも起因し、発注者となる電力会社だけではコントロールしづらいことが障壁になっている。

図表4-5 日本の多くの発電事業者においては保守コストを最適化する機会がある

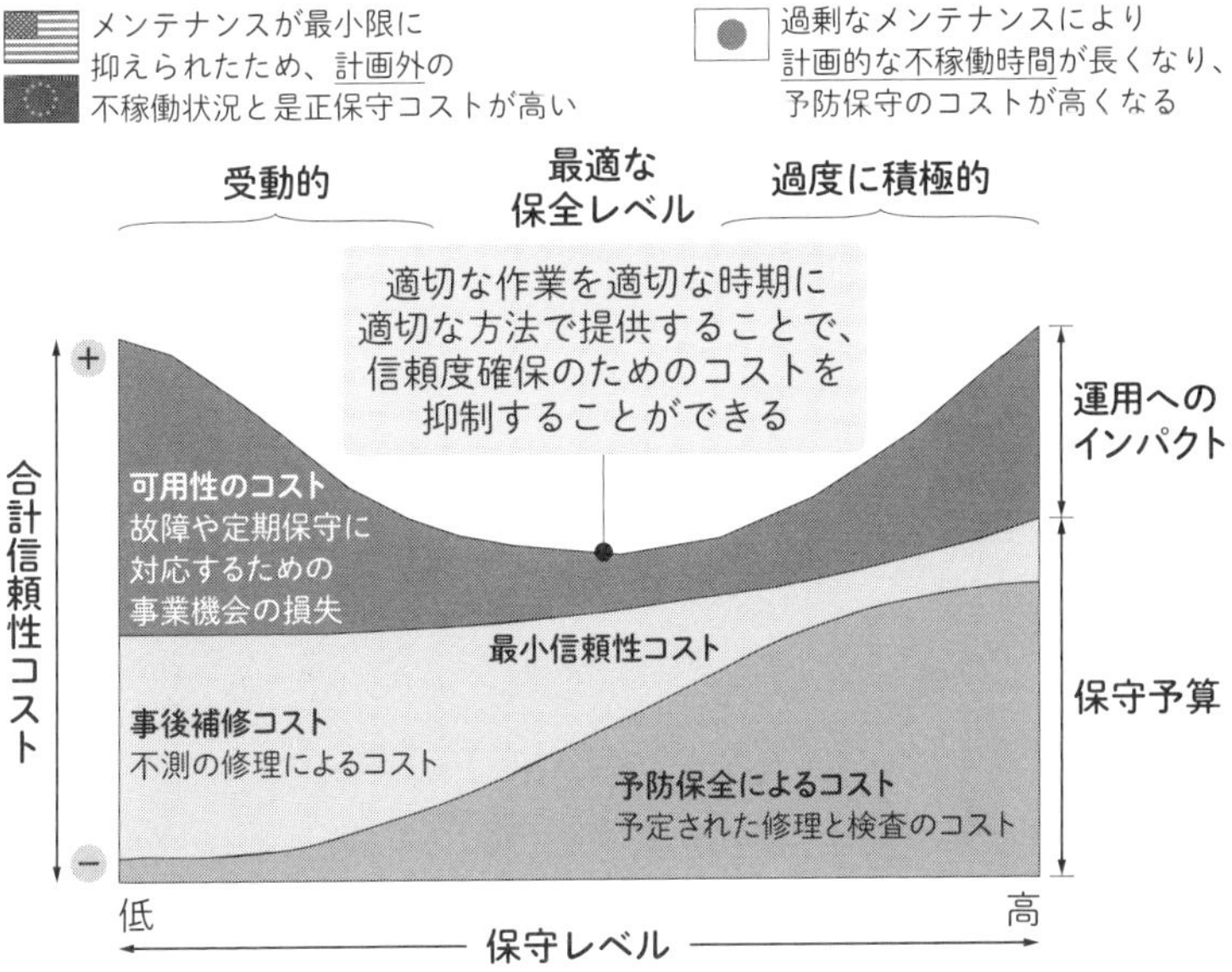

出所：McKinsey

この状況を変えるに当たって、まずは世界的に競争力を比較して、自分たちの相対的な現在位置を確認してみることが大切だ。これまでも「カイゼン」や効率化に努めてきたという自負があったとしても、さらに削減できる余地は見つかりうる。

例えば、予防保全と事後保全の観点からコスト最適化を検討することが効果的である（図表4－5）。主要な作業を継続すべきだが、リスク・コストとの適切な見合いの中で過剰ともなりうるようなこれまでの業務についての見直しを行い、新しい基準を作ることの効果は大きい。従来積み重ねてきた経験に基づく業務を変更することは大きな検討・労力を要するが、リスク・コストとの天秤を設計・調達・現場がデジタル・テクノロジーをうまく活用しながら分析し、協力会社との関係も持続的なものとなるような協働モデルとなるよう見直し、全体を統合し最適化する動きも必要になるだろう。

デジタル活用による最適化の事例

米国の発電事業者の事例では、40ギガワットほどの能力を持ち、20州に展開するデジタルとアナリティクスを活用することにより、燃料・排出量が1～3％削減され、年間6000万ドル相当の効果を出している。具体的に行ったのは、従来は現場の保守点検担当者の経験と勘に頼っていた作業について、タービンやボイラーなどの稼働状況を取得・分析し、データに基づくオペレーションに変更することである。最初の24カ月で30サイト、65ユニット以上に400以上のモデルを配置し、複数年かけてデジタルとアナリティクスの変革を進めた（図表4－6）。さらに、担当者のレンチタイム（現場実務時間）も含めて業務を見直した。適切なタイミングで適切な活動ができるように、400人以上の工場従業員に研修を受けてもらい、最適化を図った。

ところで、日本企業はメンテナンス工程の中で一部の箇所を取り出して、ピンポイント

図表4-6 **北米の発電事業者では複数年にわたるデジタルとアナリティクスの変革を通じて、年間百億円規模の利益を創出**

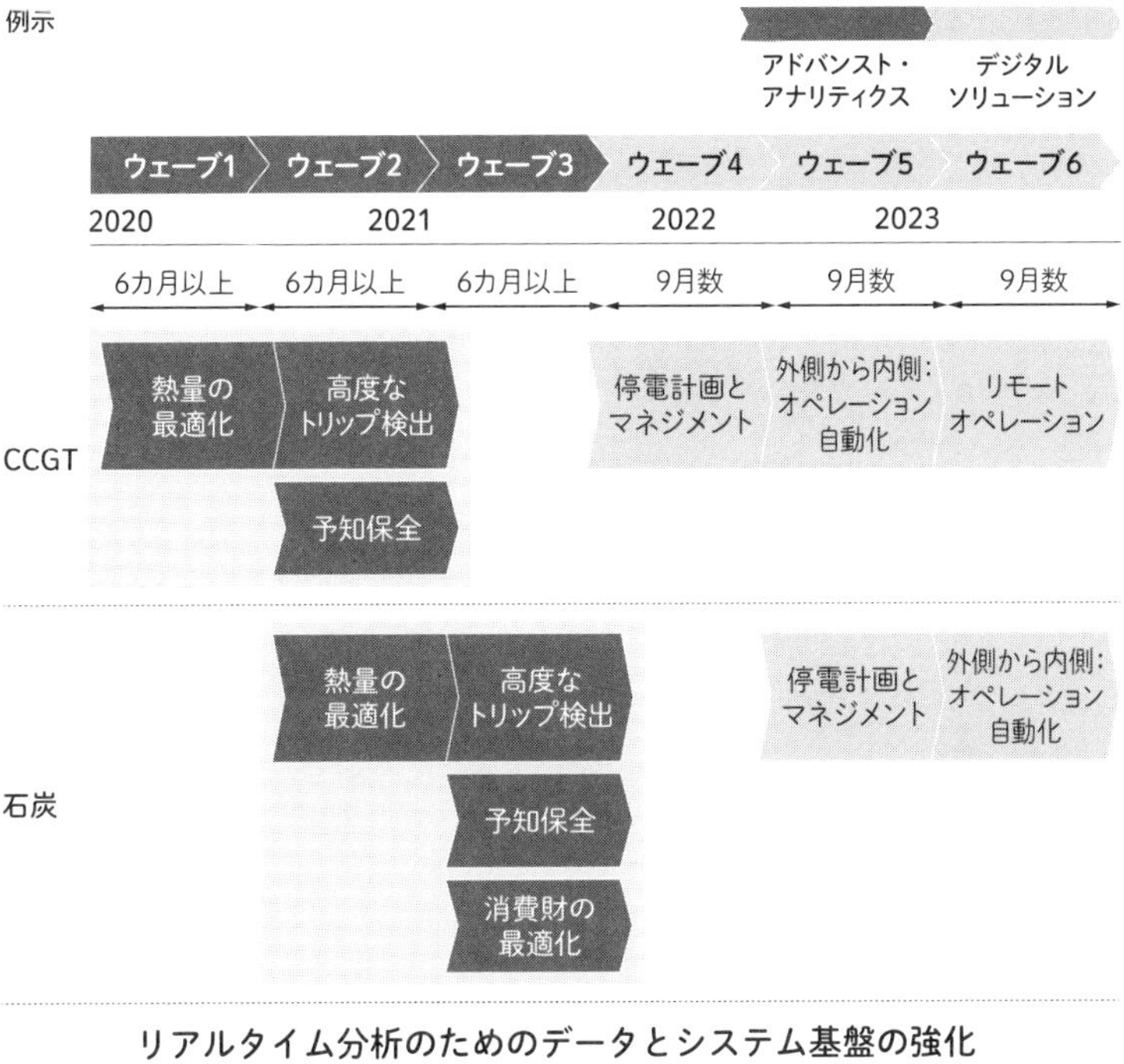

出所：McKinsey

で技術的な改善を行う傾向がある。その工程の生産性は高まるが、前後の工程は変わらないため全体の成果につながらないことが多い。例えば、タービンの熱効率の向上に取り組み、その部分で8割減の効果が得られたとしても、担当する人数や点検にかかる工数などには影響が及ばない。その結果、部分最適にしかならない。

一方、先進的な海外企業は一気通貫でプロセス全体を再設計していく。全体最適の観点から、省人化や必要作業の選別なども含めて、熱効率向上をどう位置づけるかを検討し、高い効果が見込めるようであれば、タービンの熱効率に取り組む、という順番で進めていく。現在、多くの日本企業はデジタル活用に取り組んでいるが、こうした全体最適化の発想が求められる。デジタルとプロセス最適化を組み合わせることで、自社や委託先の保守コストを15〜30%削減し、経営リソースの節約や高付加価値な活動に転換して、迅速な成果を生み出す機会につながりうる。

再エネの競争力強化：全方位戦略ではなくリソースを集中

既存の火力発電所のテコ入れとともに、再エネ事業の拡大や収益確保についても検討しなくてはならない。再エネ市場は急成長が見込まれている分、競争環境は激化する。速やかに戦略を考えて、機敏に動かなければ、主力プレイヤーへの道は困難になる。

そのためにはまず、開発から電力オフテイクに至るステップごとの成功要因を踏まえ、それぞれ開発から電力販売まで全体を手がけるのか、または開発や建設のみに絞り込み、後は他の人に任せるといった取捨選別を行うのかなど、個別の検討が求められる。

洋上風力を例にとると、収益性がインフレなどにより大きく悪化し先行きの不透明さがある昨今の状況において、日本も海外も洋上風力プレイヤーは集約されていく傾向にある。多額の資本を要する、例えば洋上風力への出資においても同様に、自社がコンソーシアムの中でどの機能を担うのかの明確な方針の決定が必要となる。エンジニアリング力を用いてコンソーシアムの中核となることを目指す企業は、海外のデベロッパーの買収や海外案件への参画が重要となる一方で、電力販売／リスク管理、地域貢献やローカルのサプライヤーとの調整などを果たす役割も存在する。さらには今後ステージが進むと過去入札のラウンドの案件の着工が近づき、コスト・工期などのリスクの管理が生命線となる。いずれにせよ一社で完結する事業ではなく、商社・海外企業・地元企業と電力・ガス会社が協働して事業開発をしていくあり方は、将来の電力事業の一つの縮図であるともいえる。

送配電事業の現状：ユニバーサル・サービスを守れるか？

戦後は継続して国や経済の発展とともに、顧客数（契約口数）も配電線の総延長距離ものびてきた。しかし、今後は2050年には人口が1億人割れに迫るほど世帯数も減り、契約戸数は減少していく。物理的な送配電設備を抱えているものの、地域により契約者数と流れる電力が減り固定費負担が大きくのしかかる。

送配電事業の特徴は、誰もが等しく受益できるユニバーサル・サービスにある。顧客から要求があれば、山奥でも電線を通して電力を供給しなくてはならない。したがって設備のコストは重くのしかかり、都市部の収益で過疎地を補填する事業形態にますます拍車がかかる。その一方で、再エネは増えて全体としてはスリム化しながら、局地的に再エネを受け入れられるようにしなくてはならないという複雑な舵取りを迫られている。

送配電事業における3つの課題

送配電事業者は、規制、社内外リソース、バリューチェーンの変化という3つの課題に直面しており、現状よりもコスト効率を上げつつ大幅に生産性を高め、事業を安定化させる必要がある。

第1の課題は、規制の変化である。国は送配電事業に対して効率的なエネルギー転換による増強や老朽設備更新を目指してコスト削減を促すため、レベニューキャップ制度を導入している。これは、各社に今後5年間に使うコストを事前に申請してもらい、全社を比較してトップランナーのコストを基準として設定するという方法である。5年間は基準コ

図表4-7 送配電事業は、既存設備の更新を電気工事人員が減少する下で実施する必要がある

送配電事業者を取り巻く変化

設備更新需要の増加

送電鉄塔の建設年内訳；基数, 1906-2014

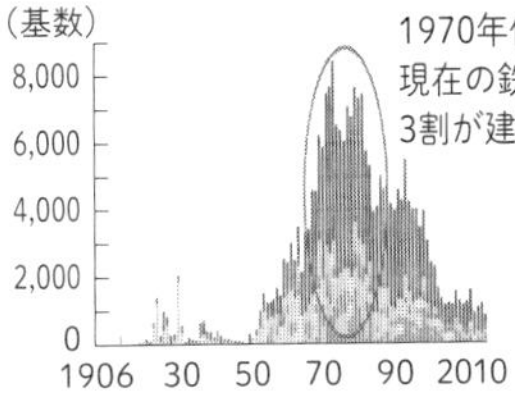

1970年代に建設された鉄塔が今後、建て替え・大規模修繕工事の時期を迎え、2030年頃には**建設需要が～20%程度増加**する可能性がある

建設人員の減少（≒電工人員減少）

建設技能者数の推移[1]；万人, 2019-30

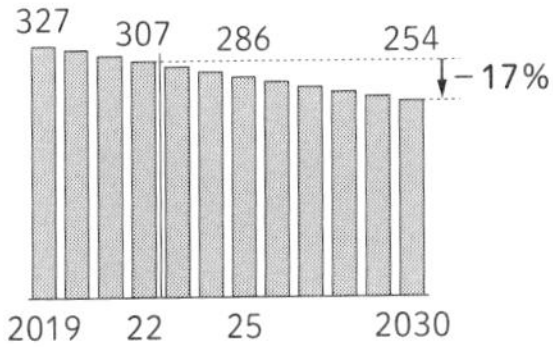

高齢化などに伴い、建設技能者数は2030年までに現在から～**17%程度減少**する可能性がある

送配電事業者に求められる対応

人員減少、工数増加の影響をダイレクトに受け、少なくなった人員を生産性向上で賄わなければならない場合、工事人員の業務に対し、

～40%[2]

の生産性向上が求められる

1. 2023～2030年の建設技能者数は国交省による2025年時点の試算を基にした線形的な減少を仮定
2. 工事需要1.2倍、従業員数83%として試算
出所：国土交通省

ストを下回ればすべて利益になるため、コスト低減へのインセンティブとなる。その一方で、次の5年間は実態ベースでコストを再申請するため、コスト低減を終わりなく続ける仕組みである。

第2の課題は、高齢化に伴い、建設技能者数が2030年までに現状レベルよりも大幅に低下することが見込まれることだ（図表4－7）。送配電事業は地場の委託会社が担っていることが多いが、現場作業員が今後次々と定年退職していけば、通常時の工事の進行や停電後の復旧を従来

のスピードや品質で実施することは困難となる。その上で、設備の老朽化に伴い、建て替えなどの需要は20%向上する。第1の課題と相反し、安定供給や災害対応を担っていることのような貴重な建設技能者の確保・維持に向け雇用環境や処遇改善が急務となっている。

第3の課題は、再エネの増加によって、発電量の変動が激しくなっているうえ、電力利用においても、今後EVなどが増えれば従来とは異なるタイミングや使い方になり運用が大幅に複雑化していることが挙げられる。AIなどを活用したより高度な需要予測が求められ、そのためには、スマート・メーターをはじめとした大量のセンサーデータを扱う必要があるが、そのためのケイパビリティが従来は現場にはない可能性が高い。

業務の再設計とデジタル化

こうした課題を抱える送配電事業者がすべきことは、発電事業と同じく、委託先も含めバリューチェーン全体で抜本的に業務を整理することであり、送配電事業においてもデジタル化が鍵となる。例えば、電柱を建て替える場合、顧客から建て替え申請を窓口で受け付けると、社内の部門に回して登録をし、電柱を設計し自治体など役所で申請し認可を受け、工事を請け負う企業に委託しその企業の担当者が再度現場を視察してから工事をする。紙の処理が多い上、一度立てた計画も緊急対応により再調整が必要になるなど、現場にしわ寄せがいくことも多い。生産性を飛躍的に高めるには抜本的に業務を再設計する視点が重要となる。例えば前年度までの実績や顧客からの受付情報を見ながら日次で受注や必要工数を予測し、ドローンで巡視点検して確度を高めた上で、予めベースとなる計画を策定しておく。そこに必要な資材の自動発注と、工事会社の班体制のシフトと連携するなどしてバケツリレー的なやり方を極力回避すればイレギュラー時の調整もしやすくなるだろう。最終的には計画段階で人の介在を最小化する「ゼロ・タッチ」型も視野に入れられる。同様に、系統計画の立案においても最適化に必要な社内外の見通しの情報をデジタル上に載せてＡＩで解析することで、低い労力でより多数の変数を満たす最適設計と運用が可能となりうる。

新規事業を開発する体制へシフト

なお、現在レベニューキャップ料金制度の第一規制期間が半分を過ぎようとしているが、送配電会社も関連するグループ会社や委託先にとっても現状の事業報酬率は、欧州送配電事業者のそれと比較し、将来に向けたエネルギー転換や安定供給を継続できるような技術開発や人材育成に向けた投資を行うのに大きな課題・危惧を抱える状況となっている。効率化活動は続けつつも、このような状況下において事業としての前向きな将来像を構築するためにも、送配電事業にとっては新規事業などの成長事業は非常に重要となってきている。

送配電会社の戦略はコスト低減とともに、将来に向けて収益拡大の機会を探っていくことである。しかし、ここで最も問題になるのがスキルとマインドセットのギャップである。

例えば、5年や10年の長期スパンで考えて計画を策定し、週単位や月単位で前向きに事業を回していく必要がある。また、これまで決まったサプライヤー、規制当局の担当のみとつきあってきたが、新規事業では従来とは異なる消費者セグメントやデジタルプレイヤーなどを相手にするため、新たな関係づくりもハードルとなる。特に注意が必要なのは組織文化・マインドである。これまでは絶対に停電をさせない、一分一秒でも早く復旧するというリスク忌避のマインドが浸透しているが、新規事業には失敗がつきものであり、失敗を経て成功例が出てくるアジャイルな運営に馴染む必要がある。やみくもにすべてを変える必要は当然なく、既存の組織文化・マインドの良い点は保存しつつ、それと並び立つセカンド・カルチャーの並存が鍵となる。

そのような挑戦へのハードルは低くはないが、実現できれば既存のアセットがユニークなアドバンテージ（自社にしかない優位性）となって、新規事業につながる可能性は十分にある。例えば、送配電やスマート・メーターなど、これだけ津々浦々に張り巡らされたデータを持っている事業者はいない。公平中立の観点からそれ自体を独占し、自社の事業へ活用してはいけないというルールがあるが、特定のニーズに向けて電力需要など利用可能な情報を解析したり組み合わせることで活かせば、データの持つ価値は高まりマネタイズにつながる。また、委託先も含めて全国に拠点や人的ネットワークがあり、地域ごとのブランド力や信頼の高さも活かしつつ、インフラ事業者という点で、地域に面展開する他のエネルギーや運輸・通信などの事業者との連携や事業創造の機会も相応に存在する。デジタルの力を活用しながら本業の生産性を倍増させつつ、エネルギーや情報を司るプラットフォームをつくることが、送配電事業者にとっての新規事業の目指すべき方向性ではないか。

小売事業の現状
：価格変動リスクとデジタルアタッカーにどう対処するか？

昨今の自由化で最も盛り上がりを見せてきたのは小売事業である。新電力と呼ばれる事業者が新規参入し一時期シェアを伸ばしてきた。電力自由化による大手からのスイッチ状況には国ごとに違いがありイギリスでは5割程度、保守的な層の多いドイツや日本は2〜3割である。その後、ウクライナ紛争をきっかけとしたスポット価格の乱高下を受けて、財務業績が悪化して撤退や倒産する事業者も出現しその勢いがおさまっているのが現状であるが、次の3つの大きな動きにより、既存の小売事業者は変化にさらされている。

1つ目は、電力卸売取引の内外無差別の取り組みである。これまでは、大手小売事業者は、同じ会社・資本関係内のグループ会社の発電事業者から相対契約で市場に出る前に直接電力を調達していた。しかし、競争の公平性を担保するためにも、発電事業者はグループ内でやりとりするのではなく、全量を市場入札に吐き出すことになった。大手電力会社傘下の小売事業者は他の新電力企業とまったく同じ土俵の上で入札または市場から買う必要が生じ、電力調達におけるアドバンテージが失われた。

2つ目は価格変動の激化である。これは電源構成の変化に伴うものであり、日本の太陽光のように再エネ導入による余剰電力が増えれば電力価格が0に近づき、瞬間的に不足すれば高騰するようになった。小売事業者としては、予定していた価格よりも高騰すれば、採算がとれなくなるため、調達を含めたリスクマネジメントが非常に重要になっている。

3つ目は新進のデジタルアタッカーの新規／再参入である。2016年低圧自由化時点の新規参入者も安い価格を提示したが、当時は内外無差別の前であり、大手電力会社傘下の小売事業者はより有利な契約で調達できていたため、価格競争力がなかった。また、リスクマネジメントが手薄で、価格変動に脆弱だった。そのため撤退を余儀なくされた事業者であっても、デジタルを武器に、より高度な知見とリスク管理力を備えて再参入することが予想される。調達時の価格が対等になっただけでなく、販売活動においても、本社スタッフを減らしたり、電話受付対応をデジタル施策で大幅に受電抑制や対応自動化したりするなど、新規参入者のコスト構造はまったく異なる可能性がある。このため、大手電力会社傘下の小売部門にとっては脅威になりうる。

リスク管理体制の整備

これまでのようにグループ会社に頼れなくなったため、さまざまな発電事業者・市場から適切な値段で適切な年数で取引するトレーディングの力が必要になる。そのときに必要な全量を市場価格で買うのか、一定割合は損が出てもタイミングを見ながら固定価格で調達するのかなど、リスク管理の必要が生じている。経営上の複雑性は増しているためリスクを定量化して管理することが不可欠である。

具体的には現状の契約が有する調達リスク並びに価格感応度分析を含む精緻な離脱リスクを定量化して客観的に評価し、小売単体としての徹底的なリスクヘッジ施策を立案することが重要となる。さらにこれらリスクを最小化し、コスト最適化によるリスク体力向上と期中のリスク管理・ヘッジ手段を行使するオペレーションを実行可能な能力・体制構築が求められ、さらにプロシューマーの獲得を含む再エネ分散電源の確保、ＰＰＡ組成力向上により、ヘッジ手段を拡大する必要がある。

欧州電力企業は１９９０年代からの早期の電力自由化以降、高い市場流動性の下で20年にわたってリスク管理を高度化させてきた。現物ではスポット市場における取引割合が総需要の50%以上あり、先物は~3年先程度までは市場流動性が高く、現物市場の5倍の流通量が存在する。その中で各社は網羅的なリスクマトリクスや定量分析モデルを深化させつつ、各種のヘッジオプションも整備してきた（図表4－8）。

●需要側のビジネス機会の補足

新規事業については、今後は電力商品以外での顧客囲い込みが激しくなる。エネルギーマネジメント、蓄電池の管理、リフォーム会社と提携して太陽光パネルの設置に関与するというように、新しい提案をすることで、需要側に入り込むことは可能である。

ただし、発電や送配電と同じく、既存の小売企業にとっては、新たなスキルやケイパビリティが求められる。イタリアやドイツなど海外の既存事業者はリスキリングのトレーニングに積極的に取り組むなど、企業変革を先行して進めている。日本の脱炭素の社会、コスト全体を最適化するにあたって、小売業者に期待されているのは需要家を束ねるアグリゲーション機能を果たすことである。需要家側がエネルギーの使い方、作り方を変えるうえで、一番影響を与えられる立場にあるのが小売事業者である。蓄電池や太陽光パネルの販売、施工とともに電力利用についてマネジメント機能を果たせるようになれば、発電や送配電にとっても需給バランスをとる負荷が減るだろう。特に再エネが増えれば、調整機能（業界用語でいう「しわ取り」）に対するニーズが急激に拡大するため、それがビジネスとして成り立つように、制度上も対応していく必要がある。

図表4-8 **リスク管理の高度化は日本の電力会社にとっての喫緊の課題**

各社のリスク管理に関する成熟度

	低水準 国内水準→	欧州水準	高水準	
リスクの可視化	● 電力価格等、収支に直接影響を与えるリスクを中心に定性評価を実施 ● 主要なリスクについて数種類のシナリオを想定し定量評価	● 収益構造や過去事例に基づく網羅的なリスクマトリクスに基づく定性／定量評価を実施 ● 分析モデルを構築し時間単位の詳細なリスク定量化を実施	● 高度アナリティクスツールで数百万のシナリオシミュレーションを実施しリスクを定量化 ● PL／ポジションの時価はリスク許容度と比較し厳格な日次管理	● 日本でも電力取引の重要性は高まっており、そのためのリスク管理体制の強化が進み始めている ● 一方で、市場流動性が高く20年以上の歴史を持つ欧州に比べると、リスク管理の成熟度はまだ低い ● 今後、リスクの可視化、ミドルオフィスの強化などを踏まえて高度化が必要
ヘッジ手段の構築	● 相対契約等の基本的なヘッジ手段を中心にリスクを低減 ● 電力先物等のデリバティブ商品も一部活用	● 相対契約、販売価格転嫁、デリバティブ等、複数のヘッジオプションを採用 ● リスク発生率やヘッジ効果を踏まえ最適な手段を選択	● オプション取引等、より高度なヘッジ手段も活用し最適化したヘッジポジションを確立 ● EV等顧客電源の制御等を通じ、リスク要因の発生自体も抑制	
システム・組織	● 調達／販売実績や、契約時に取得した顧客情報を目的ごとに管理・使用 ● 主に電力取引上の直接リスクをミドルオフィスが管理	● 実績・顧客情報に加え天候・電力市場価格等の情報も一元管理し、リスク分析に活用 ● 全社組織横断でリスク管理戦略・対応方針を決定	● リスク管理や顧客分析につながる情報を高頻度で取得し集約、販売やヘッジ施策へ即座に連携 ● 日次でのリスク変動も速やかに検知する体制・ルールの確立	
具体例	国内電力会社	● centrica ● RWE	● fortum ● AXPO	

出所：McKinsey

電力会社が共通で対応すべきこと

ここまで発電、送配電、小売の各事業を個別に見てきたが、最後に3事業に共通する課題を指摘してこの章を締め括り、第5章の提言へとつなげたい。

ポートフォリオ経営／ＲＯＩＣ管理

電力会社はこれまで発電、送配電、小売の3事業を電力バリューチェーン一体で揃えて地域限定で展開することを前提で考えてきたため、俯瞰して事業をポートフォリオで捉え、バランスを図るという概念は希薄だった。その枠が外れて、事業展開の自由度が高まったことで、どの事業にどれだけ資金を投入し成長させるか、という考え方が求められている。日本企業の間でポートフォリオ経営が広がり始めたのは２０１０年頃である。電力企業に限らず、まだ歴史が浅い企業も多く、経営レベルでの変革が求められている。具体的には、ポートフォリオとしてＲＯＩＣ（投下資本利益率）、収益性、ＢＳ（貸借対照表）を管理し、その改善のために、買収も含めた経営としての介入方法をワンセットで考えなくてはならない。例えば、国内と海外、電力と新領域というように、注力すべき領域を定めて機動的に動いていく必要がある。

●海外事業をテコにした収益拡大

様々な課題はある一方で、収益拡大の機会も広がっている。新規事業と海外事業についてみてみたい。

海外事業については、従来、電力会社は発電事業を中心に、海外案件に対するマイノリティー投資をグローバルで複数行い、投資収益を獲得するという形で進められてきた。一方で、能動的に案件探索を現地パートナーとともに行い、案件組成、買収、経営やターンアラウンド（収益改善）を行うような事例はあまり多く見られない。国内の既存事業と対比した際に相応の規模感を有する海外事業を育てるためには、以上のようなアプローチへの転換も必要となってくる。そのために必要となる自社としての戦略的な意義や、事業開発を進められるような人材およびパートナーに対し、どれだけ投資するかという経営としての意思決定が求められる。

新領域への展開を構想したとしても、社内に海外や新規事業の経験者はほとんどいないケースは多い。開発の方法も勝手が違い、既存の開発手法が必ずしも通用するわけではない。さらに、今後はどの事業にも欠かせないデジタルのケイパビリティも不足している。このように、スキルや経験において圧倒的なギャップが存在するため、中途採用はもちろんのこと、必要なケイパビリティを育成・採用するだけでなく買収するなど思い切った強化策を講じる必要がある。

●グループ内企業や業界をあげての協調

電力業界は巨額の投資が必要であるため、競争領域と協調領域を明確にし、スケールが効く領域とそうでない領域毎に色分けをし、グループ体制の検討や、他社協業も積極検討するのが重要となる。グループ再編では、機能別に委託先として活用してきた子会社間で事業の重複も整理しながらグループ全体の競争力という観点から、グループ会社の体力・競争力も上がるよう再編するのが有効なケースは多い。

そのうえで、業界全体で共通化することによってスケールが利く協調領域と、それぞれが強みを発揮すべき競争領域を見極める。例えば、各事業にて現場に人を送り出して管理するデジタルの仕組みは汎用的なはずであり、企業間で連携することが可能だ。同様に投資金額の大きいＩＴシステムや設備についても協調できる領域の拡大にはまだ大きなポテンシャルがある。

東日本大震災以降で、電力会社に注がれる視線は厳しい状況が長く続いたが、その間も安定供給を堅持しつつ、様々な制度変更への対応に従事してきた。今後さらに電力が重要となるなか、成長を担う重要なプレイヤーとして電力会社も自分たちの置かれている状況や戦略を説明し、ひいてはかつてのようにあるべき姿に関する発信を続けていくべきではないか。自由料金と規制料金の話や、レベニューキャップなどについても現場を持つ事業者だからこその説得力を持って規制に対する提言をしていくことが、最前線のエネルギー転換や電力政策の設計を行う難題に取り組む規制当局にとっても重要なものとなるだろう。

プラットフォーマーとしての業態変革・事業基盤構造
：デジタルを例にした変革例

ここでは第5章にもつながるテーマの布石として特にデジタルについて詳細に述べていきたい。2010年から2020年までの10年間は、デジタル・テクノロジーが企業、社会構造、世界を大きく変貌させ、事業価値を大幅に増大させてきた。2010年の世界時価総額のトップ5はエクソンモービル、ペトロチャイナ、アップル、中国工商銀行、マイクロソフトだったが、2020年にはアップル、マイクロソフト、アルファベット、アマゾン、フェイスブック（現メタ）と大きく様変わりしている。日本のエネルギー業界もまたデジタル化の影響を大きく受けてきた。

実際に、コア事業の収益を確保し、新たなエコシステムで成長していくためには、デジタルの活用が共通して大切になる。電力会社がデジタルを活用して既存のオペレーションを刷新した場合、最大で25％前後の業務コスト削減効果が期待される。安全性、信頼性、顧客満足度、法令遵守といった分野でも、各々のKPI（重要業績評価指標）において20～40％もの改善が見込まれている。新たなエコシステムをリードするうえでも、デジタルへの理解を深め、外部に向かってオープンな事業になるように、取り組みを変更していくことが求められる。

もちろん、デジタルはあくまでも事業実現の手段であって目的ではない。しかし、デジタルの利活用を習得していく過程で、従来のマインドセットやブランド、既存インフラの根本的な変革を迫られることは、企業にとって大きな収穫となっている。

これまで電力会社は30年先の需給を見据えて大規模な設備形成を行い、完全無比な安定性・安全性をもって設備の運用・保守を行ってきた。事業運営においては、安定供給のためにあらゆるリスクを回避することを最優先にしてきた。一方、こうして激動する外部環境の中では、日々刻々と現れる変化に柔軟に対応しつつ、外部パートナーともコラボレーションしながら、時にはリスクを取って新たな事業に踏み出さなくてはならない。

従来培ってきたマインドセットを変えることはもちろん容易ではなく完全に変える必要もない。ただし海外を見回しても、イノベーションや事業変革の大々的な成功例が少ないのは、アイデアが十分ではないというよりも、新たな事業の自律的な成長に必要なマインドセット、さらには巨大で複雑な事業インフラ、保守的に見られがちなブランドの面で、変化のスピードに追いついていないという側面が大きい。

しかし、これらの課題について解決の糸口はある。例えば、デジタル分野で先行する海外のユーティリティ企業は、これまでにないスピード感で問題の予測・検出・解決を可能にすることが事業運営において最大のリスク回避につながるという信念の下で、積極的にデジタル投資を行ってきた。経営陣が進取のマインドを持ってそれを率先するだけでなく、全社的に新しいマインドもうまく醸成してきた。マインドを刷新するためには、デジタルネイティブ企業を視察するほか、高度なアナリティクスやインサイトの提供を実現する「デジタルファクトリー」を自社内に構築して、新しい手法を徐々に浸透させていくアプローチも有効である。

ドイツ電力大手の場合、従来型電力会社を想起させる旧ブランドを刷新したうえで、電力会社が持ち得る社会性の高いミッションを積極的に打ち出し、社会課題の解決の道筋とそのインパクトを社外に示してきた。このような情報発信活動も非常に重要であり、顧客にアピールするだけでなく、デジタル専門人材の獲得にも役立つ。

巨大で複雑な事業インフラ面においては、例えばＩＴシステムをオールインワン型の巨大なシステムからモジュラー型ＩＴアーキテクチャへと移行することが考えられる。モジュラー型ＩＴアーキテクチャは、現在使用しているソフトウェアや既製のソフトウェア・パッケージを業務機能の強固な基盤とし、料金計算、顧客関係管理、作業・アセット管理といった標準的要件に対応することができる。ここでは、不要な機能まで含んだベスト・

オブ・ブリード型のソリューションではなく、自社に不可欠なニーズを満たす効率的なシステムを選択することがポイントである。

いずれも抜本的な変革を実現するには何年もの時間を要する。だからこそ、早期に着手することが求められる。

電力会社への提言：新しい戦略の方向性

事業ドメインと地域を2軸にとったマトリクスを使って、電力会社が今後、どのようなことに取り組むべきかを考察したい。もちろん、一言で電力会社といっても、発電、送配電、小売で行うべきことは異なる。しかし、本質的な意味で、会社の形を変えていく必要があることは共通している。

図表4－9のマトリクスの左下が、一般的な電力会社の現在地である。例えば、電力会社は地元地域で発電し、送電事業を行い、電気を販売していた。ここから垂直方向に進めば、国内の他の地域、あるいは、東南アジアなど海外へと広がる。また、水平方向に進めば、既存のリソースやアセットを使える隣接領域、さらには、新しいモビリティ事業など飛び地領域へと展開していく。ただし、垂直方向であれ、水平方向であれ、事業を拡大す

図表4-9 電力会社の成長戦略は事業ドメインと地域の近接性を踏まえ検討することで成功確度を上げる

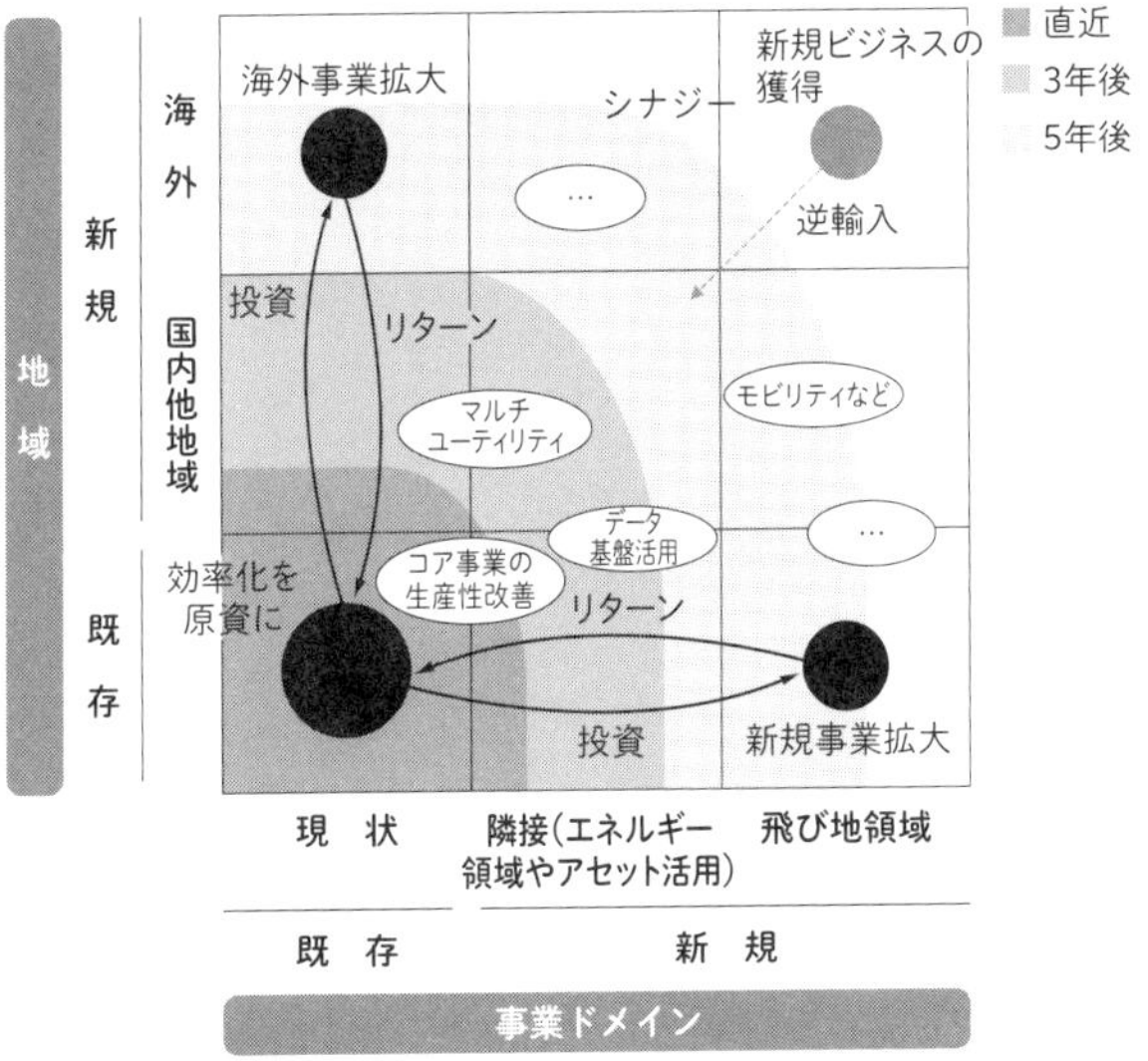

図表4-10 事業展開ロードマップ（デジタルでの場合）

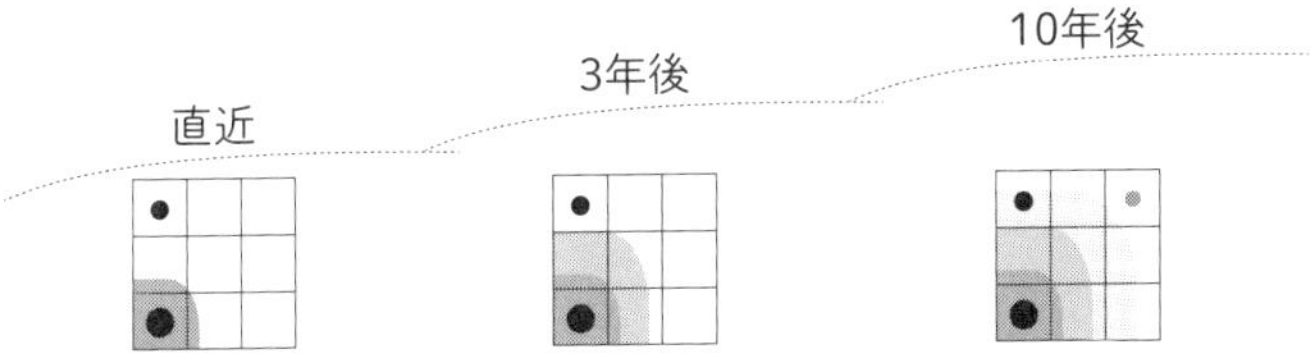

戦略	コアの徹底的な効率化と戦略策定	デジタル化（DX）によるコア内外の連携加速	プラットフォーマーとしての事業モデルの深化
人材	現状ありきでない変革型の人材	デジタルや海外事業推進人材の拡充	事業開発能力を有する人材の登用
組織・プロセス	社内での組織横断の取り組みの強化	アジャイルな思考の導入	複数事業を有するグループ型組織

出所：McKinsey

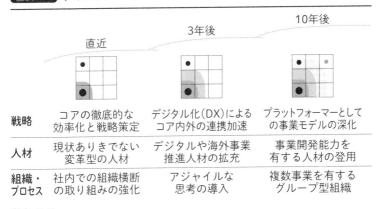

るためには、異なるスキル、人材、カルチャーが必要になる。マトリクス内のグラデーションは、短期、中期、長期という時間軸の違いを表している。

電力会社の取るべき戦略は、短期（現在）においては、コア事業を徹底的に低コスト化すること、中期（今からの3年間）はデジタルを用いた事業変革を軌道に乗せること、長期（10年後に向けて）は5章にも示すようなエネルギーの「サービス化」に移行することがポイントとなる。

短期：コア事業の低コスト化と、中長期戦略の策定

電力会社は規制の枠組のもとで事業を展開してきたが、近年では外部環境が大規模に変化する中で、従来通りのやり方では収益が保証されなくなっている。自社の責任で収益を確保するためには、現在の中核となる電力事業の低コスト化と、新たな収益源を獲得し成長していく必要がある。つまり、経営陣がポートフォリオ戦略を構築することが、これまで以上に必要となってくる。

図表4－9の左下のコア事業の状況は、従来のプロフィットプールであった火力発電が再生可能エネルギーの伸長により縮小しつつある中で、発販分離のプレッシャーにさらされている。送配電事業では、保守・修繕、再生可能エネルギー対応、災害対策による設備投資の負担のほかに、レベニューキャップ制度に基づくコスト削減も求められている。小

売事業においては、デジタル・テクノロジーを使って伝統的業界を破壊する「デジタルアタッカー」と呼ばれる、コスト構造がまったく異なる競合企業との競争にさらされている。そのうえ、ＩＴ企業や再生可能エネルギー・蓄電を活用したエネルギー・マネジメント企業など異業種からの新規参入が想定されることを見てきた。

外部環境の動向や制度変化など、不確実な状況は今後も続いていくので、それに備えて自助努力の可能なコスト最適化を進めておくことが欠かせない。その際に重要なのが、コストの下げ方である。資材の調達でよく見られるように、取引先に一律何パーセント減を求めるやり方ではなく、コストの発生源に踏み込んで原価分析を行うことが重要だ。デマンドコントロール、海外調達、仕様設計にまで遡って、主管部門と資材部門が協働しながら抜本的にメスを入れていく必要がある。同業他社や他業界、ひいては海外企業も含めて比較して自社の立ち位置を客観的に捉え、落とすべき贅肉と維持・強化すべき筋肉を見極めた上で、関係者と価格交渉に当たるなど、改善すべき余地は極めて大きい。物品、役務、委託についても、聖域を設けず、すべてを議論の俎上に載せて、効率化のアイデアを継続的に創出することが当たり前だと誰もが思えるほど、社内のマインドを変えていくことも必要になる。このように部門や組織の壁、既存のしがらみやマインドを大きく打破する場合、これまでのように、組織や部門ごとにコスト削減計画を作成し、ホチキスで留めて全体の削減計画とするようなやり方では通用しない。全社的に変革活動やチェンジマネジメントを徹底しなくてはならない。

次いで重要となるのが、成長領域を検討し、中長期戦略を策定することである。対象となるのは、マトリクス上の水平方向と垂直方向への展開である。

このうち新規事業については、これまでも本業に代わる新たな収益の柱を構築しようと数々の試みを行ってきた企業は多いだろう。しかし、成功は百に一つとよくいわれるように、成功確率は決して高くはない。加えて、電力会社のコア業務で培われてきた企業文化や仕事の進め方と新規事業に求められるものは、そのスピード感、リスクテイクなどの点で大幅に異なっている。特に、電力事業は信頼性が絶対的に重視されてきたため、これまでと同じように、時間をかけて様々な承認手続きを経れば、どうしても時間がかかってしまう。さらに、経営陣の知見・経験、会議のやり方自体も変えなければ、成功確率は上がらない。というのも、新規事業の提案に対し、リターンの見込みが本当に高いのかを追求する議論をロジカルに積み重ねていくと、いつの間にかリスクは低いが、たとえ市場シェアを100%取っても事業規模が100億円に満たない極めてニッチな事業へと収斂しがちになる。実際に、コア事業を補完するという本来の目的に対して、まったく売上規模が届かない新規事業の事例は枚挙にいとまがない。

その一方で、視点を変えれば、持てる強みを発揮できる。例えば、前述の通り電力会社が保有する膨大なアセットやデータや顧客ネットワークは、そうしたものを持たないスタートアップにとっては羨望の的である。組織の内部だけで議論していると、そうした事実には気づきづらい。社外の視点を交えて、大企業だからこそ保有する、他社に対する差別化された強みやナレッジである「アンフェア・アドバンテージ」を棚卸ししてみる価値は大きい。そのうえで、事業アイデアを創造し、顧客やユーザーが価値を感じる体験の設計を含めて構想を固め、実際に製品やサービスを開発・上市し、拡大するプロセスを成功体験として積み重ね、形式知化していけば、成功確率を大幅に高めることができる。

海外事業についても同様のことがいえる。日本のエネルギー企業が行ってきた海外事業は、当事者同士の会話をきっかけに技術交流やコンサルティング契約が始まったり、日系の商社や金融機関から紹介されたり持ち込まれた案件が発端となったりするケースが多い。海外事業の状況を、縦軸に案件のタイプ（発電種別など）、横軸に地域（米国、欧州、アジアなど）を取って配置してみると、驚くほど分散していることがある。形の上では文字通りグローバル展開をしているが、気づいてみれば、案件数は増えているが収益貢献はまだ小さく、一つ一つの展開地域に情報網を張り巡らすほどに至っていない。そのため、せっかく高額のプレミアムが生じる有望案件が見つかっても、情報入手が遅くて他の戦略的プレイヤーに負けてしまい、結局は紹介案件に頼らざるをえないという堂々巡りになりがちである。

本来目指すべきあり方としては、海外事業と国内事業の間のシナジーをまず明確にする。それに沿って、少数の有望地域に活動を絞り込み、現地ネットワークのインサイダーとなる。そのうえで、独自に新規案件を組成し、入札戦略、資金調達までを能動的に主導していく。また、属人性を排除して仕組み化するために、海外事業の運営に適した組織体制を整備し、人材要件を定義し採用育成を計画的に進めていく一連の計画である。

ところで、仮に有望案件にめぐり合えたとしても、経営陣の保守的なマインドセットがネックとなる場合もある。技術革新や短いサイクルで変化するコスト動向などをウォッチし、現地人材や海外他社とも交流を図りながら、リスクを取って事業獲得に向けて俊敏かつ柔軟に意思決定をすることが求められる。

中期（今からの3年間）：デジタルを用いた事業変革

中期的に取り組むのはデジタルを用いた事業変革である。電力会社がデジタルを活用してオペレーションやシステムを刷新した場合、25％以上、場合によっては50％以上の業務コスト削減が実現しうる。また、安全性、信頼性、顧客満足度、法令遵守といった分野でも品質を向上させながら、20～30％の大幅な改善が期待できる。加えて生成ＡＩ／アナリティクスの加速度的な進化を踏まえると、エネルギー企業がこれを取り込むことでカスタマージャーニー（顧客利便性）の再定義、予測モデルに基づくメンテナンス業務やアセット管理、モバイル端末による現場作業者への技術インストラクションなど、デジタルの施策を加速させていくことは不可避の流れともいえる。

多くの公共サービス企業が構想しているのが、デジタル・テクノロジーを活用してアジャイルな経営体制を確立させると同時に一連の改革を推進することにより、顧客、従業員、サプライヤー、規制当局、パートナー企業も含めた業務を最適化することだ。しかし、エネルギー業界のデジタルプロジェクトを調査する限り、他業界と比べ大きな成功例はようやく出始めてきたタイミングだが、まだ極めて少ない。

その阻害要因としては、第一に、信頼性を重視してリスクを避けられる施策を選びやすいことが挙げられる。新しい分野に連続して挑戦する必要があることに加え、その過程で意図しない結果が生じることもあるため、デジタルの取り組みに消極的になってしまう傾向が見られる。第二に、スキルと人材の問題である。電力会社がデジタル変革に必須のデータ・サイエンティストなど、デジタル分野を担う人材を採用できていない。第三の理由は、表層的に先端技術を導入しても、変革が進まないことである。社内では既にレガシーシステムが運用され、複雑なオペレーションが組まれているため、新しい技術との連携がスムーズにいかないことも多い。

これに対して、アジャイルな企業が導入しているのは、顧客を第一に考えたオープンソースに基づくパートナーシップモデルだ。このモデルは、さまざまな共創やイノベーションモデルを最適化し、パートナーや顧客と共に独自のアイデアを開発することを促す。例えば、テスラは新たな設計を目指し、電気自動車充電インフラの特許を公開している。また、「オープンソース」を用いた電気モビリティの開発や展開を迅速化し、ライセンス料を維持している。このようなオープンエコシステムを形成するための第一歩は、電力・天然ガスのバリューチェーンにおける革新的なニッチプレイヤーや、隣接事業のプレイヤーとの協業や提携を含めて、一部領域で他社との協働関係を構築することだ。今日、複数の電力会社が、自社を顧客にとっての主要なゲートキーパーと位置づけ、分散型の生産／需要とデータ管理のために独自の技術プラットフォームの構築を試みている。

●経営陣のコミットの重要性

経営陣がデジタル変革を支持し、コミットすることとの重要性は容易に理解できる。特にデジタル変革では、言葉の定義や各人が思い描く姿がばらばらになりやすく、抽象的な議論に終始し、同床異夢に陥りがちになる。このように目指すべき姿の方向性が定まらない場合に、我々が推奨しているのは、経営陣がデジタルネイティブ企業を視察することだ。百聞は一見に如かず、である。公共サービス業界以外の企業も含めて、デジタル変革を成功させた企業を訪問し、テクノロジーに実際に触れてもらう。また、「デジタル」に精通するスタッフ」と多くの時間を過ごして、新しい働き方を体感するうちに、自社で機能しているプロセスやシステムに対して健全な問題意識が芽生えてくる。デジタルを活用して成長しているスタートアップを、自社への脅威や協力相手として実感を持って捉えることができれば、自社における変革の必要性についても腹落ちすることが多い。

経営陣が訪問などを通じて完全にデジタル変革の必要性の確信を得たとしても、電力会社は多くの社員や膨大なアセットを抱えており、多くの場合、広範で規制を受けている。そのため、何からどのように着手してよいか迷ってしまうものだ。社内でデジタル系の新規活動を立ち上げるだけでも数年を要する場合も珍しくない。それとて単発の活動に終わってしまえば、変革とは呼べなくなる。一部の公共サービス企業は、小規模なデジタル企業の買収・提携を推し進めたり、米国のシリコンバレーにオフィスを開設したりしている。これらは電力会社のケイパビリティの拡張に寄与しているが、企業全体のデジタル変革を促すまでには至っていないようだ。

●デジタルファクトリーの構築

より効果が望めそうな施策は、アプリケーション開発や高度なアナリティクス・インサイト提供に特化した「デジタルファクトリー」を社内に設立することである。名前の「ファクトリー」たる所以は、あたかも工場のように業務の問題解決に役立つデジタルツールを数カ月おきに量産していくというイメージに基づいている。このデジタルファクトリーは経営陣直轄の組織として、従来のようにITベンダーに外部委託するよりも大幅に上回るスピードで、かつ、現場の人にもしっくりくるようなツールを自前で設計・開発していく。

デジタルファクトリー設置のポイントは、通常は距離感があった本社のメンバー、前線で業務をこなすメンバー、デジタルスキルを持つメンバーの三者を組み込んだ人材構成にすることである。1つのプロダクトの開発のために10名前後のメンバーを大部屋に集め、どうすればより良い仕事の進め方になるか、それをどうプロダクトに実装するか、使い勝手はどうかなど、忖度なしに話し合う。かつての日本でいうところのワイガヤ方式に非常に似た形である。ただし、手法としては、ＩＴ業界で用いられているアジャイル開発やDevOps（開発チームと運用チームが連携して取り組む開発方法）の考え方を取り入れて高速で議論していくところがポイントとなる。ファクトリーのアイデンティティを確立し、前例に縛られない議論を担保するためにも、デジタルファクトリーが大きく軌道に乗った後では、物理的に本社の引力が及ばない場所に構えることも有効である。

多くの場合、このデジタルファクトリーの立ち上げでネックとなるのは、デザイナーやソフトウエア・アーキテクト、スクラムマスター、データ・サイエンティスト、開発者、プロダクトオーナーなど従来のＩＴ部門とは異なる専門性を持ったメンバーを確保することである。その特殊性ゆえに、社内の異動で適切な人員を確保することは難しい。少なくとも当初は、業務委託などを通じて社外人材を中核に据え、社内からは意欲的で柔軟に思考できるメンバーを登用し、オンザジョブ・トレーニングで戦力化する手法がよく用いられる。

電力業界に限らず、デジタル人材の争奪戦が熾烈を極める今、人材の確保には強力なライバルと戦っていく覚悟が求められる。他業界の競合他社と比べて、給与や待遇面で大胆な政策を打ち出しづらい電力会社であっても、成功する方法は既にいくつか見出されている。代表的なものは、候補者の知的探究心とパッションに訴えかけることである。電力会社はその事業特性により、デジタルを通じた問題解決は、地域社会に電力を安定供給するという社会性の高いミッションを達成することにも直結し、それを仮説の議論だけでなく現場の設備でリアルにテストすることができる。仕事を通じて社会インパクトを生み出せることを経営陣が積極的に発信し、候補者の心に訴えかけるアプローチでGAFAMや生成AIの高給与に対し、優秀な人材を確保した例は多数ある。

●ITアーキテクチャと環境の合理化

ここまで見てきたデジタルファクトリーで目指すのは、デジタルネイティブ企業のような大量のリアルタイム・データに基づいて意思決定することや、新たなソフトウェア機能を数週間単位で導入し、高頻度（場合によっては日次）でアップデートし、顧客や従業員の新しいニーズを把握した場合に簡単に再構成できる能力を構築することである。一方で、電力会社の現実はというと、IT環境とアーキテクチャを物理的なアセットとして保有している。顧客情報システム、アセット管理システム、停電管理システムといった大型ソフトウェア・パッケージを数十年にわたって何度もカスタマイズしてきたので、ITアーキテクチャは徐々に肥大化・複雑化している。さらに、旧式システムには、すでに退職や転職したデベロッパーが旧式のプログラミング言語で書いたカスタム・コードが使用されていることが多く、メンテナンスがますます困難になっている。

以上のような状況は、電力会社が最新のデジタル・ビジネス技術やフレキシブルなＩＴ管理プラクティスを採用しようとする際の大きな障害となる。複雑で巨大化したＩＴシステムは、変化の速い現在のような環境には不向きである。一部を改修するだけでも、容易に5年以上の時間や莫大なコストを要してしまう。したがって、ＩＴアーキテクチャと環境の刷新は同時並行で進めていく必要がある。

このＩＴ刷新の中核は、オールインワン型の巨大なシステムからモジュラー型ＩＴアーキテクチャへの移行にある。モジュラー型ＩＴアーキテクチャは、現在使用しているソフトウエアや既製のソフトウエア・パッケージを業務の強固な基盤とし、料金計算、顧客関係管理、作業・アセット管理といった標準的要件を実装する。堅牢な基盤が確立されれば、顧客サービス、製品開発、アナリティクス、現場作業へのモバイル機器サポートなどの機能に対応したカスタム・アプリケーションの開発が可能になる。そうしたアプリケーションを通じて、標準ソフトウエア・パッケージの経済性や信頼性、さらに多大な付加価値をもたらす高度な最先端機能のメリットを享受できる。

長期（10年後に向けて）：総合エネルギー化やエネルギーの「サービス化」に移行

長期の活動として、エコシステムの主軸となるプラットフォーマーとしての役割を果たすことが求められてくるだろう（図表4－11の右図）。従来は複数のバリューチェーンで顧客ニーズに対応していたが、複数の顧客ニーズを統合するにあたっては、テクノロジーの果たす役割がますます大きくなっている。先に述べた通り、デジタルにより各種情報へのアクセスが容易になり、非対称性が減少し、サプライチェーンの改善や自動化がしやすくなる。この枠組みについては第5章で深掘りしたい。

しかし、一番大きな変化が求められるのは、人やプロセス、そして組織だろう。決まった計画を着実に遂行するだけでなく、自身で企画し、他者を巻き込み、事業を開発していく能力が必要になる。新規事業やその他の業種とのコラボレーションによって鍛えられた経験がある人は、この段階でその経験が生きてくるだろう。

その事例が、近年の洋上風力におけるコンソーシアムである。コンソーシアムには電力をはじめとするガス等エネルギー会社のみならず、商社、エンジニアリング会社、金融機関、地場企業、さらに外資系企業なども参加し、共同で事業開発を進めていく。例えば安定供給に責任感を有し、地元やインフラを含めたステークホルダーをまとめ上げる役割で電力会社が果たせる役割は大きい。一方、地域貢献など事業創造を行う領域では、商社な

図表4-11 デジタルの進展により、産業間の壁が急速に崩れていき、新たなネットワークの誕生が加速している

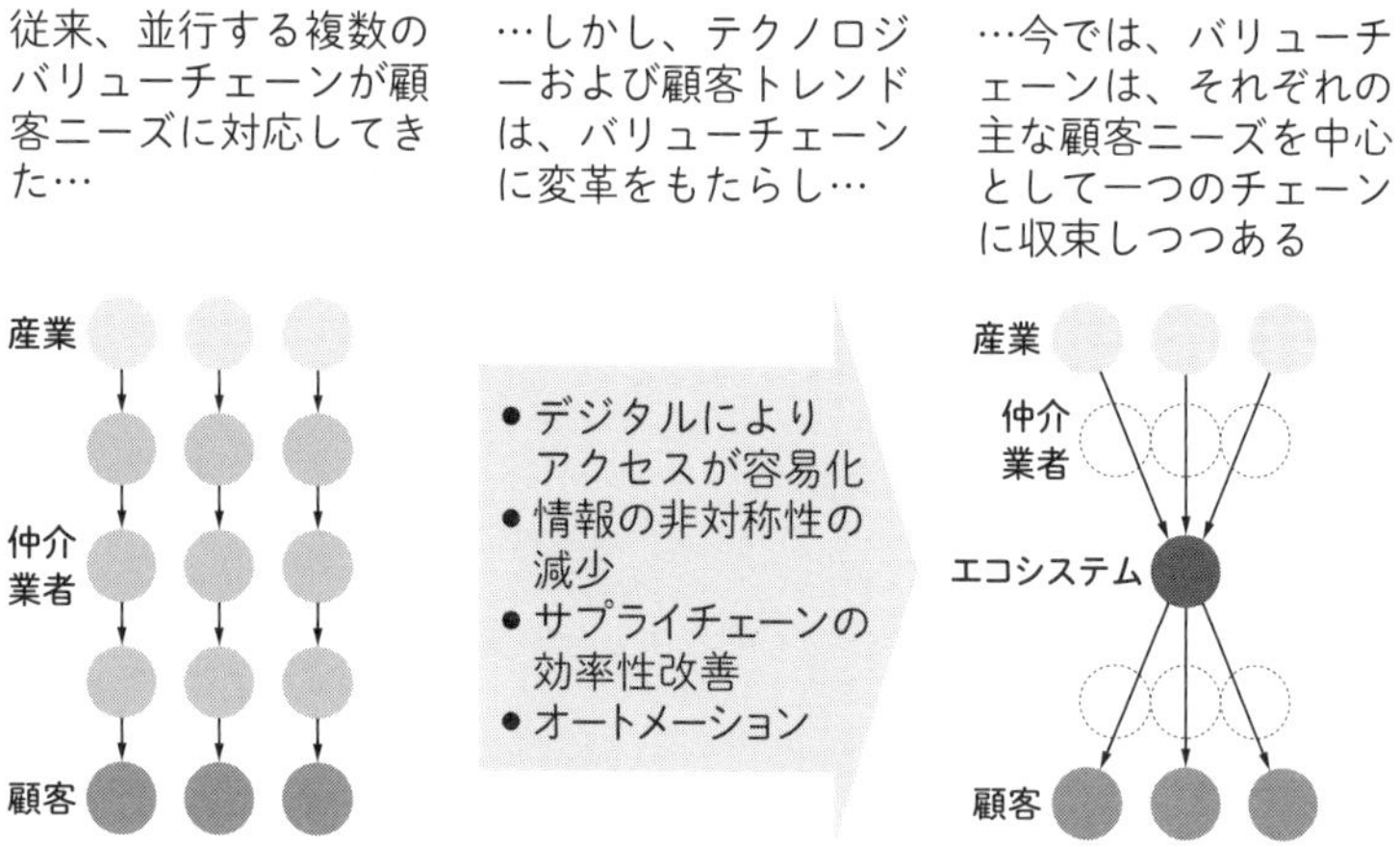
従来、並行する複数のバリューチェーンが顧客ニーズに対応してきた…
…しかし、テクノロジーおよび顧客トレンドは、バリューチェーンに変革をもたらし…
…今では、バリューチェーンは、それぞれの主な顧客ニーズを中心として一つのチェーンに収束しつつある
産業
仲介業者
顧客
• デジタルによりアクセスが容易化
• 情報の非対称性の減少
• サプライチェーンの効率性改善
• オートメーション
産業
仲介業者
エコシステム
顧客

出所：McKinsey

ど異業種企業の力も借りたほうが強味が倍加するケースが多い。そのように、洋上風力で経験した企業連携やアプローチ、地域レベルにも展開していく方向性は、将来のエネルギーサービスにおけるプラットフォームづくりにもつながりうる。また地方や過疎地の生活基盤に関わる事業にもプラットフォームサービスの概念は検討されるだろう。

　この状態においては、機能横断的なチームとエンド・ツー・エンド（一気通貫）でのプロセス管理がパフォーマンスとライン構築の能力を促進する。そのため、この段階では、企業はライン機能を備えつつ、機能横断的な協働組織を構築することになる。例えばグ

ーグルでは、人々が組織内を流動的に移動する「雇用市場」があり、階層レベルを超えて役割を切り替え、コラボレーションを重要な価値と見なして動いている。協働組織を構築するための第一歩は、具体的なビジネスアイデア・施策に関する機能横断的なチームを構築し、主要な業績部門としてチームを立ち上げることである。

第5章

産業変革の道筋と電力会社の業態変革

本章のポイント

- 新たな経済サイクルの時代に入る中、業界の垣根を越えた総合化や連携など、エネルギーエコシステムの変革に向けた力が大きく作用する
- 川上ではガス長期契約を踏まえた安定供給、川下では地域特性（工業地帯、都市部、地方）のニーズの違いに基づくエネルギー供給の絵姿が必要となってくる
- その中核を担うプレイヤーはデジタル化による業務変革を早く大胆に進めることでエネルギーのプラットフォーマーとして産業創造を行いうる

これまでの章で見た通り、日本にとってのエネルギー転換は、日本固有の課題解決をしながら収益も得られるような国益に根差すものである。この章では、その具体的な方向性を出しながら電力会社または形態は違えど同様にエネルギー転換を見据えるインフラ企業が取るべき打ち手を短期中期長期でまとめている。そのためにも改めて中長期の視点を持ちながら足元でのエネルギー供給の現状や課題を整理するところから始めてみたい。

これら課題の解決には電力業界のみならず、広く他のエネルギーやインフラ周辺産業も含めて需要を巻き込んで行われるべきであり、かつ必然的に長期視野が求められる。このような視点から、本章ではこれまでのファクトや数字による裏付けのある議論だけでなく、定性的なコンセプトについても考えていきたい。

ビジネスサイクルを超えた構造変化（地政学と不確実性の時代に向けて）

日本のあるべき今後を考える際に改めて一歩引いた視点から直近の状況を振り返りたい。コロナ禍による社会の大幅な変容に始まり、加速した脱炭素化のうねり、エネルギー不足、急速なインフレ、地政学リスクの高まりなどを受けて、電力・エネルギーの問題は極めて複雑性が増している。今我々が目にしている状況が、単なるビジネスサイクルの延長ではないことに疑問の余地はない。経済的に成り立ち、危機に強く、かつ現実性のあるエネルギー・気候変動対策をどのように形成すればよいのか。全世界で資源とエネルギーシステム領域のあるべき姿について再考を余儀なくされている。また、これらの課題解決は、もはや電力業界の単独の対応では解決しきれないシステム全体の問題となっている。

ところで、直近の地殻変動ばかりが強調されているが、過去を振り返れば、世界の秩序、技術、地政学、経済における変化は連続的に推移してきたわけではない。30～40年周期で大きな変化が発生し、それをきっかけに世の中のシステムがガラリと変わる状況が繰り返されてきた。したがって、現在が特殊だというわけではなく新たなシステム構築のフェーズが始まったと捉える視点が重要となる。

図表5－1は、過去に起こった大きな変遷を時系列に整理したものである。20～30年単位で世界は変化するが、マクロで見ると繰り返される事象もある。

戦後の好況

第二次世界大戦後、それまでの植民地支配の構造から、西側陣営対東側陣営という2大ブロックへと世界が変化をした。戦後復興による経済成長と相まって、原子力工学や宇宙開発など工学系の技術が大きく発展した。また、バイオ科学や情報技術の基盤が築かれ、右肩上がりの成長が続いた。日本では戦後、とにかく電気が不足していたため、電力業界

図表5-1 エネルギー業界が対処すべき事業環境は、これまでの延長上にあるものではない

	1944–1946 戦後の好況	1972–1974 争奪戦の時代	1989–1992 自由貿易の時代	2020–2024 地政学の時代?
世界秩序	新たな汎西側諸国の機構(NATO、EEC等)による2つの対立ブロックへの脱植民地化	冷戦、非欧米諸国の経済大国として台頭、名目貨幣の登場	アービトラージや経済協力に基づき構築されたサプライチェーンによるグローバル化	米国や中国を軸に、世界各国が陣営別のブロックに分化?
テクノロジー基盤	エンジニアリングの黄金時代、情報および(バイオ)化学技術の基礎が築かれる	コンシューマーエレクトロニクスの全盛、将来のデジタル技術の基礎の確立	デジタルの浸透:コネクティビティの大幅伸長	AIが飛躍的進化を通じ国家間競争の源泉に?
人口動態の影響	西側における近代都市型(郊外型)生活の確立、世界は極貧に陥る	出生率の世界的低下(西側諸国で置換率を下回る)、一方で平均寿命はさらに延長	小規模かつ都市型ファミリーへの世界的な集約、健康・教育のあらゆる領域における改善	出生率のさらなる低下、新たなキャリア形成などの個の時代?
資源・エネルギーシステム	エネルギー消費の拡大と石油ブーム	オイルショックの発生と、原子力の台頭・普及	化石燃料主体の経済成長の一方での、気候変動インパクトへの意識の顕在化	資源ナショナリズムの復活、慢性的な電源不足?
グローバル経済の地殻変動	戦時経済から平和経済への移行、日本およびヨーロッパ社会の再構築	東アジアが発展する一方で、スタグフレーション、景気後退、超高利率が西側経済を形成	10年に及ぶ利率の低下とインフレ、中国は時代の大部分で「ハイパー成長」を達成	アメリカによる保護主義の加速と、成長エンジンの多極化?

出所:McKinsey

は10電力体制をとって、地域独占を認める代わりに、供給責任を持たせる仕組みを導入した。

争奪戦の時代

その後、1972年のオイルショックが変曲点となり、世界は競争の時代へと突入した。当たり前だと思ってきたエネルギーの供給が途絶したり、価格が高騰し、人々の生活においても不確実性が高まり、現在の世界との類似性も指摘される。原子力発電所の必要性が意識され、世界的に普及するようになったのもこの時期だ。

東西の陣営の冷戦構造が先鋭化する中で、経済は低迷し、金利が上昇した。多くの国がスタグフレーションに陥る一方

で、東南アジアや日本が成長のエンジンとして登場し、貿易摩擦に発展した。技術面ではコンシューマー・エレクトロニクスの全盛期となり、将来のデジタル技術の基礎が確立した。

日本でも原子力へと大きく舵を切った。また、エネルギー自給率を高める観点で、再エネや水素エネルギーに着目したサンシャイン計画などが打ち出された。

グローバル化の時代

1980年代後半からソビエト連邦の崩壊が始まった。その後、東西冷戦が終了し、世界は新自由主義経済への道を歩み始める。1992年までの期間は、経済のグローバル化が進展し、世界の最も適した国や地域にサプライチェーンを構築し、世界のインテグレーション（統合）が一気に進んだ。この時期になると、金利が大きく低下し、インフレが収まった。また、中国が台頭し、全世界の経済成長を大きく牽引した。

エネルギー産業では、公益事業者はもともと国有形態が主流だったが、民営化の流れが始まったのもこの時期である。欧州各国では、電力会社やガス会社が民営化され、業界再編が開始された。また、化石燃料主体で経済成長が進む一方で、気候変動による影響に対する意識が顕在化するようになる。

日本の電力業界は、段階的な自由化を進めつつ既存の体制を基に電力の付加価値をさらに進化させようとするタイミングにあった。しかし、2011年の東日本大震災と福島の原発事故をきっかけに、状況は一変する。再エネの導入や電力自由化などが一気に進み、他の諸国が年月を経て順次対応してきた難題に、日本は同時に直面することとなった。

地政学の時代

2020年のコロナ禍、インフレーション、そして2022年からのウクライナ危機により、新たな地政学時代に突入し国家間産業競争が始まった。自由経済は維持されているが、世界では米国、欧州、ロシア、中国などを中心にブロック化する傾向にある。エネルギー需給でも不安定さが増し、エネルギー政策における国の関与が強まっている。技術面では、人工知能（AI）が台頭しており、生成AIの性能を担う先端半導体の供給能力をめぐる地域間競争が国家テーマとなり、電力需要の増加が一層見込まれる。

将来に向けたエネルギーシステムの設計思想

ここまで数十年単位で世界の過去マクロのトレンドを見てきた。そのダイナミズムも踏まえて今後の地政学の時代においてどのような戦略の方針を立てるべきか、これまでの章で説明してきた内容とともに、今後取りうるアプローチをある程度実現性の制約を度外視してまとめてみたのが図表５－２である。振り返りも兼ねてそれぞれ直面する主要な課題や、打ち手として取りうる方向性について本章で仮説的に検討してみたい。

安定供給でいえば、ＡＩ需要を含めて電力需要が大幅に増える見込みである中で電源確保が急務となっており、原子力やガス火力が再脚光を世界で浴びていることを各章にて取り上げてきた。特にガスについてみると、国内需要が長期減少傾向にある反面でアジア地域の需要が増加していく状況を踏まえると、ＬＮＧの安定的な調達に向けた競争力が懸念されうる状況にある。この点において、今後電力・ガス・石油などの事業者や業界を超えた国内外の需要集約や合従連衡が重要となる。

経済効率性でいえば、エネルギー転換を進めていく際、電化のみに頼る場合に生じるインフラ新設・再構築費用が年間数兆円レベルで高いことをシミュレーションで見てきた。電化が進みつつも、熱源エネルギー供給などで既存のガス導管などのインフラを可能な限り活用する方針のもと、電力だけでなくガスや石油の枠を超えた最適なインフラデザインをより一層行うことがコストや有事のリスク抑制に寄与する。

環境適合性でいえば、再生可能エネルギーの導入は今後も進めるものの、再生可能エネルギーと蓄電池のセットでのクリーン電源の供給は、システム全体の中での再生可能エネ

図表5-2 将来に向けたエネルギーシステムの設計思想

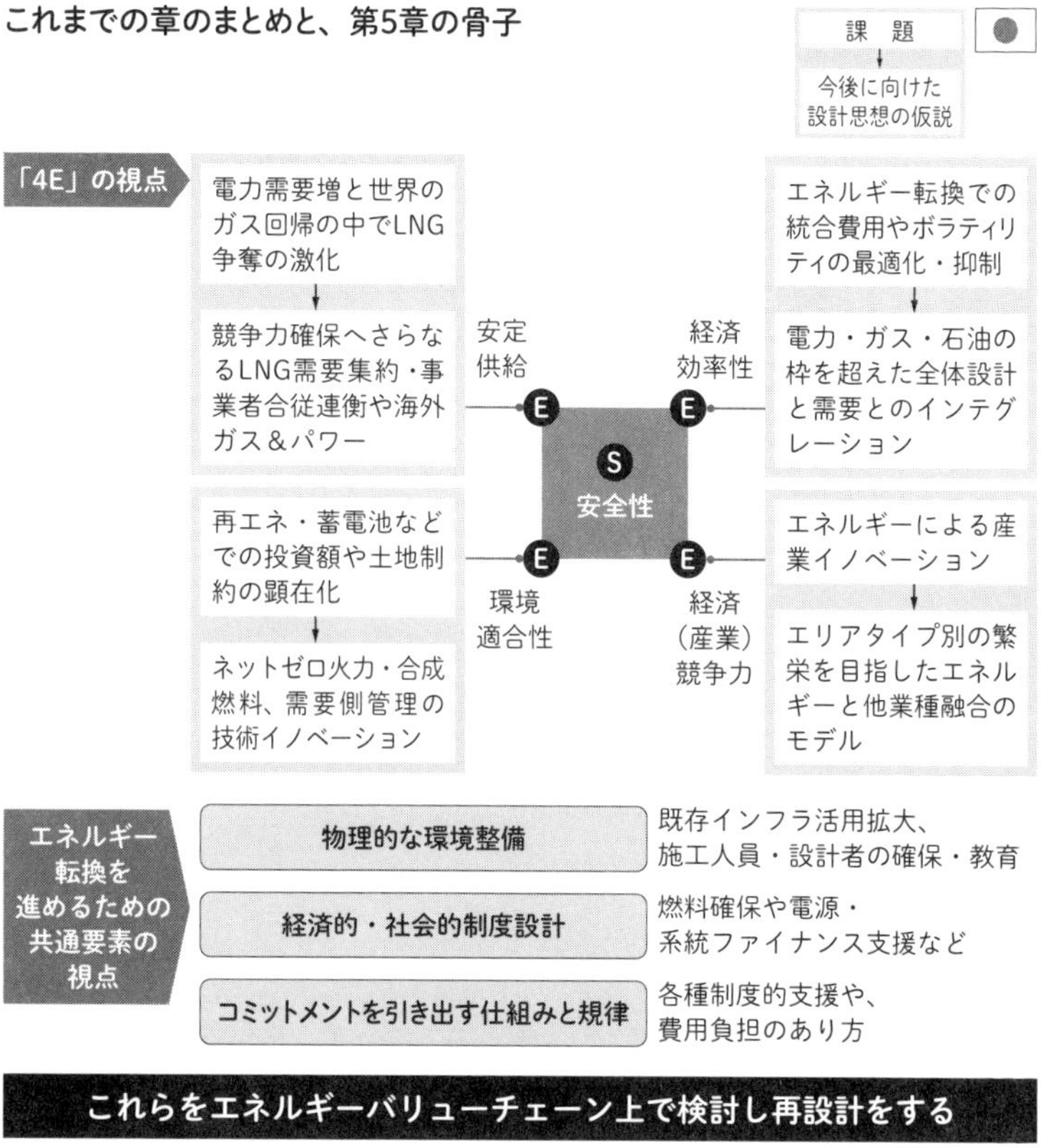

ルギー比率が高まるにつれて統合費用が大幅増加することを見た。特に島国の日本においては調整力としての火力が重要であり、水素・アンモニアの活用や既存インフラを活用可能な合成燃料によるシステムコスト全体を見据えたエネルギー転換が重要となる。中長期的には次世代原子炉や技術イノベーションによる解決も必要となる。

前章までに提示した産業競争力でいえば、資源保有国や規模の経済を有する国ではエネルギー転換を産業育成に利用していること、そうでない国ではエネルギーコストの高まりによる事業者や生活者への影響を最大限抑制しなければならないことを見てきた。日本ではその事業者・生活者の有すエネルギーのニーズも、人口減少や空洞化により工業地帯、都会、郊外・郡部でのエリア差が大幅に拡大する。それらエリア別ニーズの充足にこれまでの供給構造が今後も最適である保証はなく、エリア別に供給側と需要側の構造を再設計してコストやサービスを最適化する新たな事業モデルが必要となる。

エネルギー転換時の産業構造

これらを踏まえ、エネルギーシステムの川上から川下さらには需要家・最終顧客までの構造が今後どのようになっていくべきかを図表5－3に示した。キーとなるのは、①スケール確保を軸とした業界横断での総合化と、②ローカルの需要側との統合となる。

エネルギー業界ではこれまで、図表5－3左図のように、エネルギーの種別ごとに縦割

図表5-3 S＋4Eのバランスに向け、エネルギー業界は石油やガスを巻き込んだ「総合エネルギー化」や「顧客との接点強化」が進むと考えられる

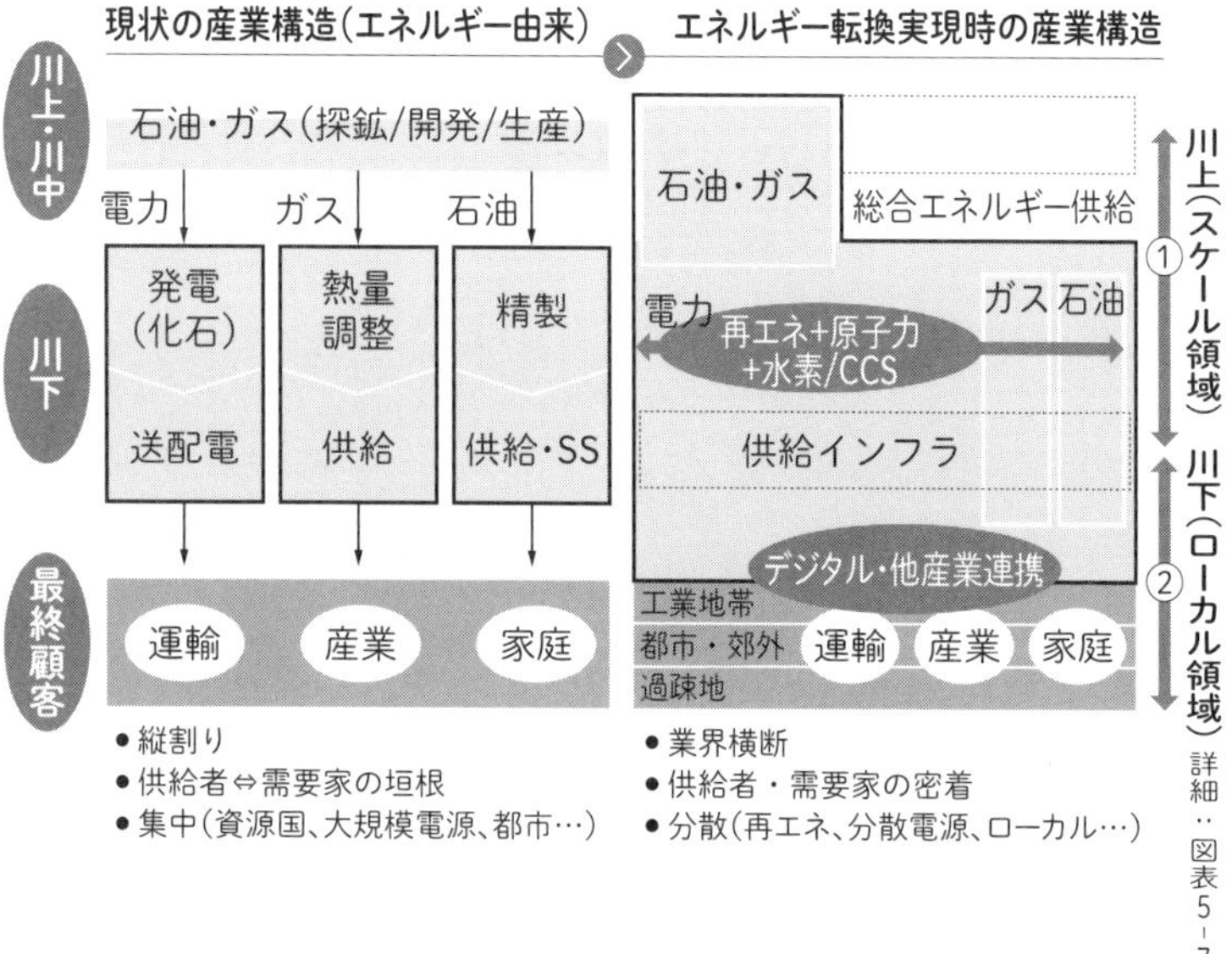

出所：McKinsey

りの供給構造でそれぞれ棲み分けがされてきた。エネルギーの生産や流通は最終顧客まで一方通行のフローとなっており、供給者と需要家の間には垣根がある。ここで図表５－２の設計思想に基づき、上流での競争力確保、エネルギー横断での最適化、需要側管理含めた技術イノベーション、エリア別ニーズのローカル対応を加味したエネルギー転換時に望ましい産業構造案が図表５－３の右図である。黒枠線の領域にて左図現状に対して模式的に業界横断や、供給者・需要家の密着、分散対応が表されている。以下にてスケールが重要となる川上領域（①）と、ローカル対応が鍵となる川下領域（②）に分けて考察したい。このようにエネルギー転換を図っていくためには、既存の壁を取り除き、エネルギー種別を横断したり、供給者と需要家が双方向でつながったりするような新しい構造へと変えていく必要がある。エネルギーの需要側の様々なニーズを整理したうえで、業界構造を変革するためのあるべき道筋を考えてみたい。

①川上領域での競争力ガス開発・供給の確保（スケール領域）

電力需要の増大により原子力発電やガス火力の重要性が高まるなかで、ここでは日本が世界に先駆けてサプライチェーンを構築・商用化し、日本のエネルギーにおける主要な役割を何十年にもわたり果たしてきたガス・ＬＮＧの先行きについて俯瞰してみる。ＬＮＧバリューチェーンは上流開発（探鉱・生産・液化）・輸送・受入・販売（需要家の調達）となるが、上流開発と調達の2点についていずれも課題を有している。

上流開発を取り巻く環境で言えば、開発・液化統合型プロジェクトにおいて開発難易度の高い立地の増加や、それに対し取引形態の柔軟な北米地域における液化プロジェクトの増加、さらには脱炭素化に向けたエネルギートランジションの進展が上げられる。これと開発コストの上昇に伴う事業者リスクの拡大や、近年の銀行のＬＮＧに対するファイナンス姿勢の慎重化が相まって、伝統的な長期契約へのコミットがしにくくなってきている。この環境下において長期契約に頼らずとも自社でＬＮＧを流通させることができるポートフォリオの保有やＣＣＳ権益を確保するＩＯＣやＮＯＣに対し、日本企業は個社では企業規模が小さく、長期契約・プロジェクトファイナンスのセットが揃わないと上流開発のリスクを取りづらい。結果として日本企業によるＬＮＧの新規開発プロジェクトに関しては、直近3年間停滞しており存在しない（供給開始年ベース）。

調達側の課題も大きい。日本の２０２３年時点におけるＬＮＧの調達量は他アジア主要国と比較して最大ではあるものの、ＬＮＧ調達企業数が24社と最多であり（中国16社、インド7社、韓国5社）、一社当たりの調達量では他アジア主要国の上位7カ国中6位となり小規模な調達契約が多くを占めている。ＬＮＧのサプライヤは年間長期契約量に一定の閾値をもっており、ここで一つの目安として0・5Mtpaで線引きをしてみると、国内の全LNG長期契約のうち4割弱がそれを下回り、調達企業ベースでみると自社の長期契約がすべて0・5Mtpa以下である会社も全体の半分弱存在する。さらに今後2040年までを見据えると、日本は国内の人口減少や脱炭素に一社あたりのLNG調達額のさらなる減少が見込まれる一方、LNG調達国として存在感を見せている中国との一社あたりの調達額差は5倍まで開く見込みである。インドを含めた他のアジア諸国とも同様に差が開く見込みであり、日本国内の購買力が低下し、競争力ある形での長期契約の安定確保に影響が出る可能性も懸念される。

世界のLNG市場をリードして立ち上げてきた日本であるが、長期のLNG契約を締結することによる在庫過剰時のリスクをうまく管理・回避しながらボリュームの集約をするために、自主開発比率の向上を経て保有権益を維持・拡大し、日本国への安定的なLNG供給を確保しつつ、ポートフォリオ取引によってアジア向けの販売・流通を手がけLNG取引市場の厚みを形成するのが重要ではないか。国内の需要側である電力・ガス会社に目を向けると、現状すぐの実施には多数の障壁があるが、共同調達や、合従連衡による需要集約の取り組みも重要であろう。その両者をまたぎ、ガスアンドパワー（＋CCS）のように、資源側とオフテイカーである電力やガス事業者までのエネルギーバリューチェーンを、ファイナンスや国の支援も含めて全体整合的に一貫して設計することが求められる。

このようにスケールが効く川上領域においては、有限のリソースを集中させ、国際競争力を高めるための取り組みがキーとなり、第4章の内容とも重複するがこれは発電領域でも同様となる。資金や人手が不足する中、新たな技術開発や事業投資を、個社毎にどこまでやるかは今後課題となる。また原子力は第3章コラムで見たように別途支援やたてつけのあり方の模索が必要となる。

②川下領域での地域別のエネルギー需要特性（ローカル領域）

続いては需要側接点について、エリア特性に着目したエネルギーの供給構造を特に深掘って考察したい。エネルギーに対する需要家のニーズや利用形態は産業の種別ごとにも違うが、用途や地域ごとに大まかにセグメント化して捉えることで議論を抽象化させてみたい。図表5－4は、日本を工業地帯、都市部、郊外・地方都市、過疎地域に分けたものである。右側に行くほど人口密度が減少し、それに伴い、エネルギー需要も少なくなる。縦軸は、エネルギー消費量、CO_2排出量、提供コストであり、地域によってかなり違いがあることがわかる。各地域の特徴を整理してみると以下のようになる。

図表5-4 エネルギーニーズは偏りがありエリア別にセグメント分けできる

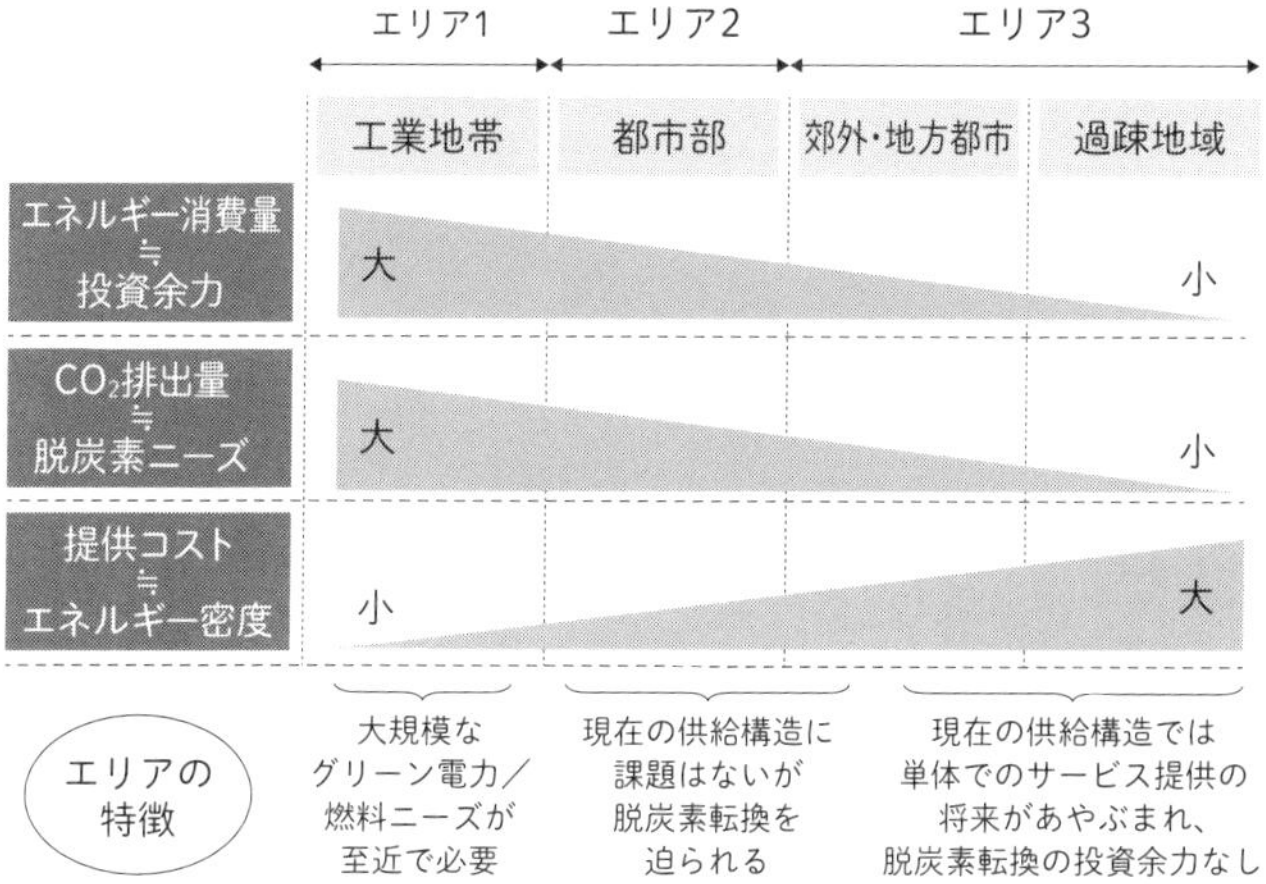

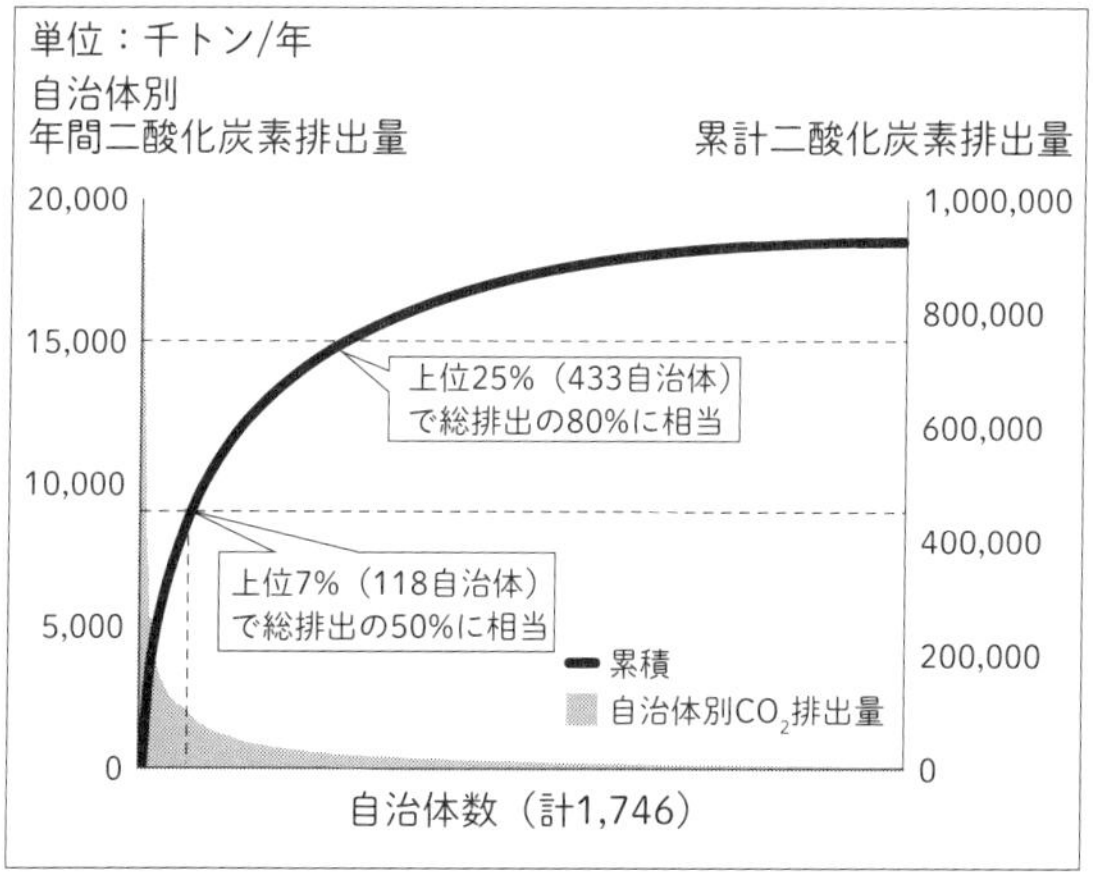

出所：環境省部門別CO_2排出量の現況推計（2021）

図表5-5 エリア1：工業地帯においては、発電所・石油精製・製鉄や水素電解装置などエネルギー需要密度が高い産業が立地し、大規模なグリーン電力／燃料ニーズが課題

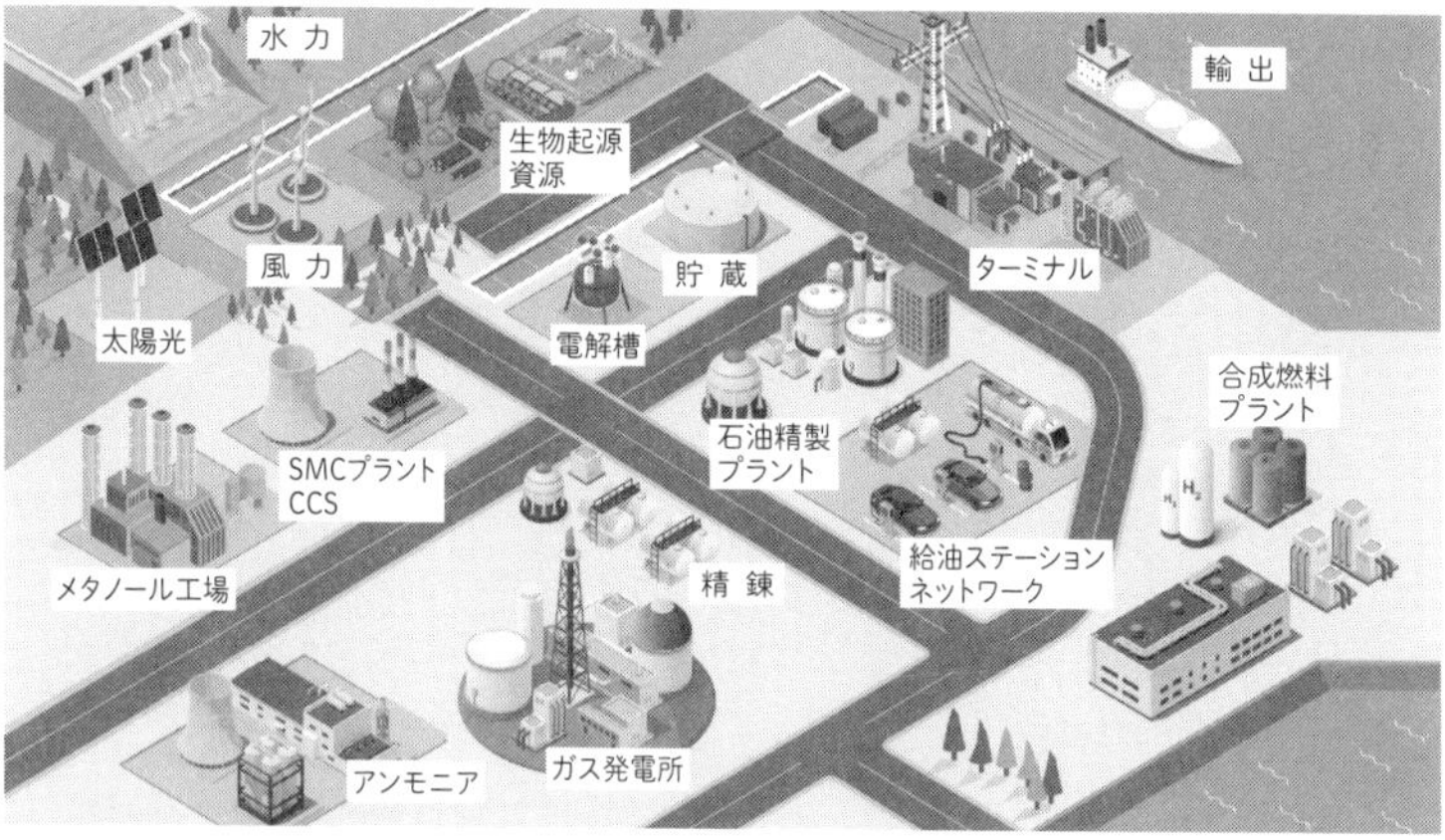

出所：McKinsey

工業地帯（エリア１）

沿岸部に多く見られるコンビナートや工場が集中しているエネルギー密度の高い地域である。大規模な電力や熱に対するニーズがあり、脱炭素に対する要請も強い。ここで生産される電力、鉄、化学品は日本経済に大きな影響を与えるのはもちろんのこと、国際競争力にも関わってくるため、特に海外への輸出が多い産業は原単位（一定量の製品を生産するのに必要な原材料やエネルギーの量）を下げる必要がある。CO_2排出量の大部分を占めているので、クリーンエネルギーやグリーン燃料の早期導入をはじめ、ＧＸ施策を強力

に推進していく必要がある（図表5－5）。コンビナートの競争力の観点では、国内各地域における各コンビナートの機能や役割分担の議論も今後視野に入る。

都市部（エリア2）

オフィスや商業ビルが多く、昼間の人口密度が高い地域である。オフィスや商業ビルでも冷暖房や電力へのニーズは高く、工業地帯とはまた違った形でエネルギー密度が高い。ピークに関しても昼間の電力消費の突出や、季節や天候など気象条件による変動も大きく、需給バランスの調整が課題となる。

郊外・地方都市・過疎地域（エリア3）

都市郊外のベッドタウンや都市部よりは人口の少ない地方都市ではショッピングモールや病院など一部の大きな需要家と、需要規模の小さい多くの住宅がまだらに交ざる。地域の人口密度が下がるほど、交通の便が悪くなり、買い物難民、病院難民などの問題が生じ、エネルギーの提供コストは上がっていく（図表5－6）。一方で大型データセンターやハイパースケールデータセンターは、データ通信におけるタイムラグの問題から利用場所の近くに設置されることが多く、今後は周辺で開発が加速し局所的に需要が集中する。

さらに過疎地域では中山間地や漁村など集落が点在し、人口密度が極めて低く、エネル

図表5-6 エリア3：地方中核都市や過疎地域は現在の供給構造では単体でのサービス提供の将来があやぶまれ、インフラ継続が課題

出所：McKinsey

ギーを含めた需要が少ない。各種インフラ事業者（電力、都市ガス・LPガス、上下水道、物流・交通、通信など）が各々事業を展開し、生活や仕事の基盤を支えているが多くのユニバーサル事業者は都市部で得た利益で過疎地の赤字を補塡する構造をとっている。全国レベルで人口減少が続き、コストを価格に転嫁できなければ、事業者の経営状況は悪化し、どこかの段階で現在のユニバーサルサービスモデルでの事業継続が困難となる。

地域別のインフラ関連事業者の状況

次に、同じエリア区分上で現状のエネルギー／公共サービスの提供状況を重ねてみると、電力、ガス、上下水道、石油（ガソリン・灯油）の種別でも異なる特徴がある。電力は送配電網を通じてあらゆるエリアの津々浦々に供給され、全需要家に物理アクセスを有す。ガスの場合、導管が敷設されている高・中密度地域では都市ガスが、残りの郊外や過疎地にはLPガスが配送されている。ガソリンのサービスステーションは大手石油卸が運営し、エネルギーではないが上下水道は市町村が運営している。

このようにエネルギーの種別ごとに違いがあるだけでなく、同じエネルギーやユニバーサルサービスの中でも、事業主体の規模や数が大きく異なる。例えば、LPガス事業者は熱量ベースで都市ガスに匹敵するが、その多くが零細事業者である。事業継承が困難となり、廃業すると次の担い手が見つからないという問題も生じている。また、石油事業でも過疎地のサービスステーションが閉鎖され、事業継続が行われず、十分に供給できなくなるという課題に直面している。上下水道は自治体が運営するため、1000近くある。

今後、エネルギー転換を進めるにあたっては、各プレイヤーがS＋4E（安全性、安定供給、経済性、環境、産業競争力）を踏まえた投資を考えることになる。収益確保のしやすさや、前章で触れた需要家との連携による投資最適化などを考えると、いずれの領域においても、企業や業界の垣根を越えて連携し、効率性を高めていく必要がある。

例えば、電力とガス（および水道）は、アセットマネジメントをはじめ、IoTを活用した施設稼働状況の制御、料金徴収、設備管理などで一定のコストの共有化が可能である。さらには、LPガスの事業継承が困難になっている零細事業家が相当数存在するが万一LPガスを供給できなくなった事態に向けては家庭の電化はエネルギー供給継続に有効であり、ガソリンスタンド事業の問題も、一定程度はEV化が解決の糸口になりうる。また、エネルギー事業だけでなく、自動運転バスやロボットタクシーを用いて、地域内公共交通を維持したり、生活見守りサービスなどの各種の生活関連サービスを付加したりすることとも親和性が高い。

ここまでエリア別のニーズの違いを見てきたが、様々な課題を抱えているからこそ、改めて市場マーケティングの発想に立ち返り、満たされていないニーズを深掘ることで新たな事業創出につながる可能性がある。現地密着型の特性を持つエネルギーやインフラ・サービス事業者は、その地域特有の課題を解決するパートナーのポジションをとるポテンシャルを有す。

エリア別ニーズを満たす供給構造の姿

：エリアタイプ別の需要家連携

このような状況のもとで仮説的に将来的な川下領域の供給の姿をエリアと業種別に考えてみると、大きく3つのエリア毎に分かれていくことが考えられる（図表5－7）。

エリア1は、工業地帯を中心とする大規模需要に対して電力やガス、水素など上流の開発と密接に関連しながら、資金を確保しプラントや設備の変革を進めていくGX領域である。既に存在するパイプライン等のインフラを活用しながら関係者が協働し最適に設計すれば、脱炭素と安定供給を同時に実現し、投資採算が成り立つ可能性が出てくる。例えば、オランダのロッテルダムでは沖合の洋上風力で発電した電力を一部はその場で水素にして、港湾の工業地帯に販売する予定である。風力発電からの電力の売電のみと比較し、余剰電力の有効活用や電力市場のみに依存しないリスクヘッジの選択肢となりうるなど条件がうまく適合すればメリットもうまれうる。このような大規模で長期にわたる継続性が求められる事業としては、各テナント会社はもちろんのこと、安定供給の信頼を有するエネルギー会社が中核に入りつつ総合商社や金融機関、海外のデベロッパー、石油メジャーなどの得意分野をくみあわせる必要がある。

図表5-7 ②川下（インターフェース領域）：エリア別の顧客接点と他業種連携

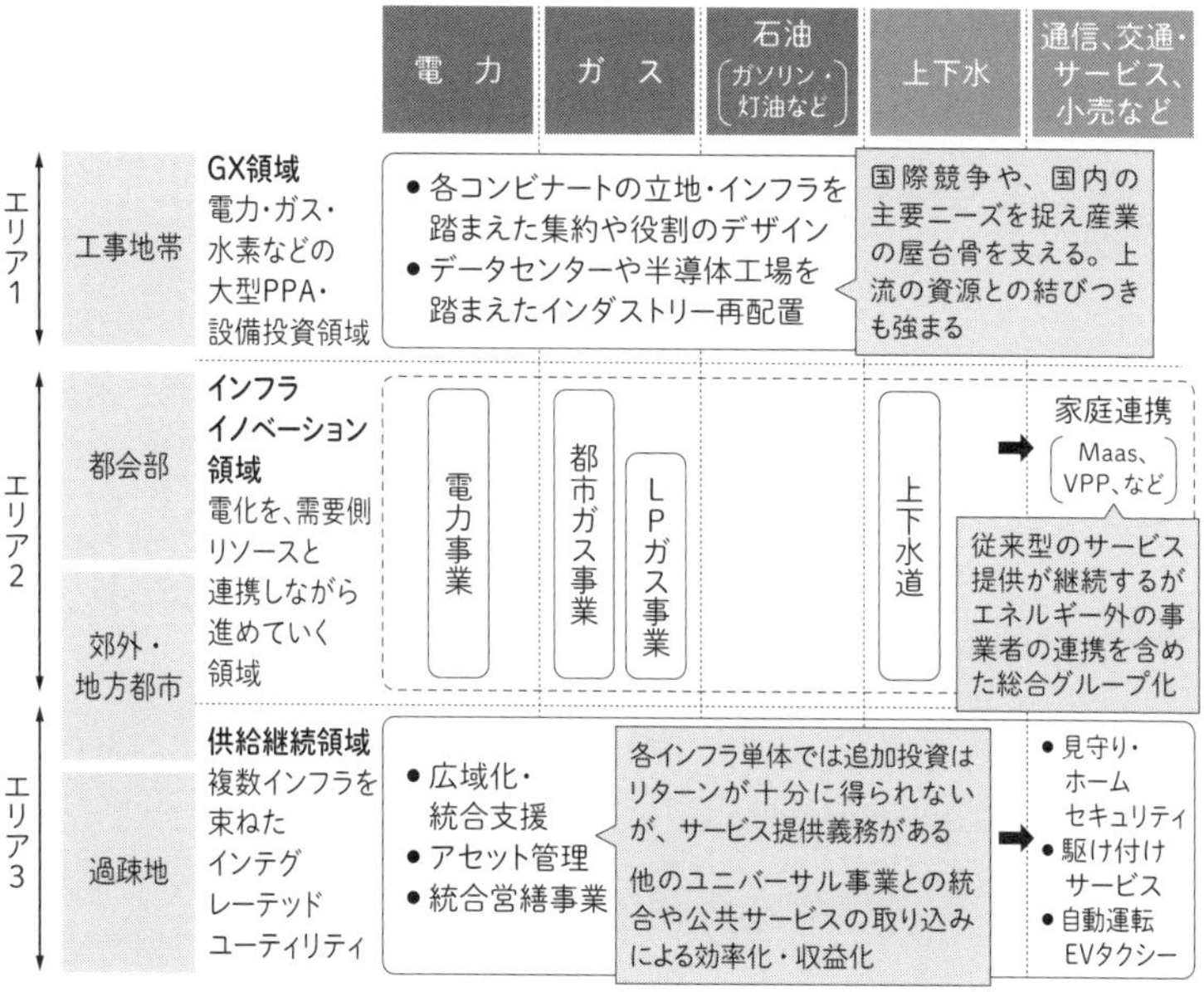

エリア2は、一定の需要規模があり、従来型のエネルギー供給や投資採算を成立させることが可能だが、需給調整や脱炭素を進めるのに大規模な需要を管理・制御するデジタルインフラや、レジリエンスの観点からeメタンを活用したガス導管の維持・活用などインフラ面のイノベーションを進める必要がある。この領域ではエネルギー事業者が今の形と変わらずエネルギー供給を続けうるが、インフラ投資の最適化に向けては電力・ガスだけでなくモ

ビリティなどがシステム横断で需要を捉えインフラの更新・拡張判断をできるのが理想である。ガス会社と電力会社の人・設備・データの相互連携、場合によっては総合エネルギー化が社会コストや需要家や円滑な他業種連携のエネーブラーとなりうるベネフィットを考えると有力な選択肢となっていく。

エリア3は現状のままでは採算が成り立たない需要規模の小さい郊外や過疎地で、いわば供給継続（模索）領域である。ここでは、複数のエネルギーを束ねたインテグレーテッド・ユーティリティ（統合型公共サービス）という構想を特に深掘って考察したい。

これまでも地方自治体をはじめ、電気、ガス、ガソリン、さらには上水道、交通機関、郵便局、農協、漁協、ヘルスケア領域の事業者など、多様なプレイヤーがエコシステムやプラットフォーム構築の機会を模索してきたが、どのプレイヤーも決定的なポジションを形成するまでには至っていない。業種横断でインフラ事業者が協働できる仕組みをつくり、自治体を束ねていくのは技術面でも、事業推進面でも究めて難易度が高い。収益面では補助金も踏まえつつもエネルギーだけでなく、高齢者の見守りや駆けつけサービス、自動運転などのモビリティなどを束ねて、採算が可能な限り成り立つ仕組みにしていく必要がある。ここでインテグレーテッド・ユーティリティという事業体が、IoTや進化する分散電源・蓄電池などのハードウェアやディープテックのようなベンチャーの新たなテクノロジーを用いながら各インフラ事業の提供コストを低減させ、かつエネルギーの地産地

図表5-8 エリア3（地方過疎部）詳細：エコシステム、プラットフォーム構築が模索されている一方、どのプレイヤーも決定的なポジション形成には至っていない

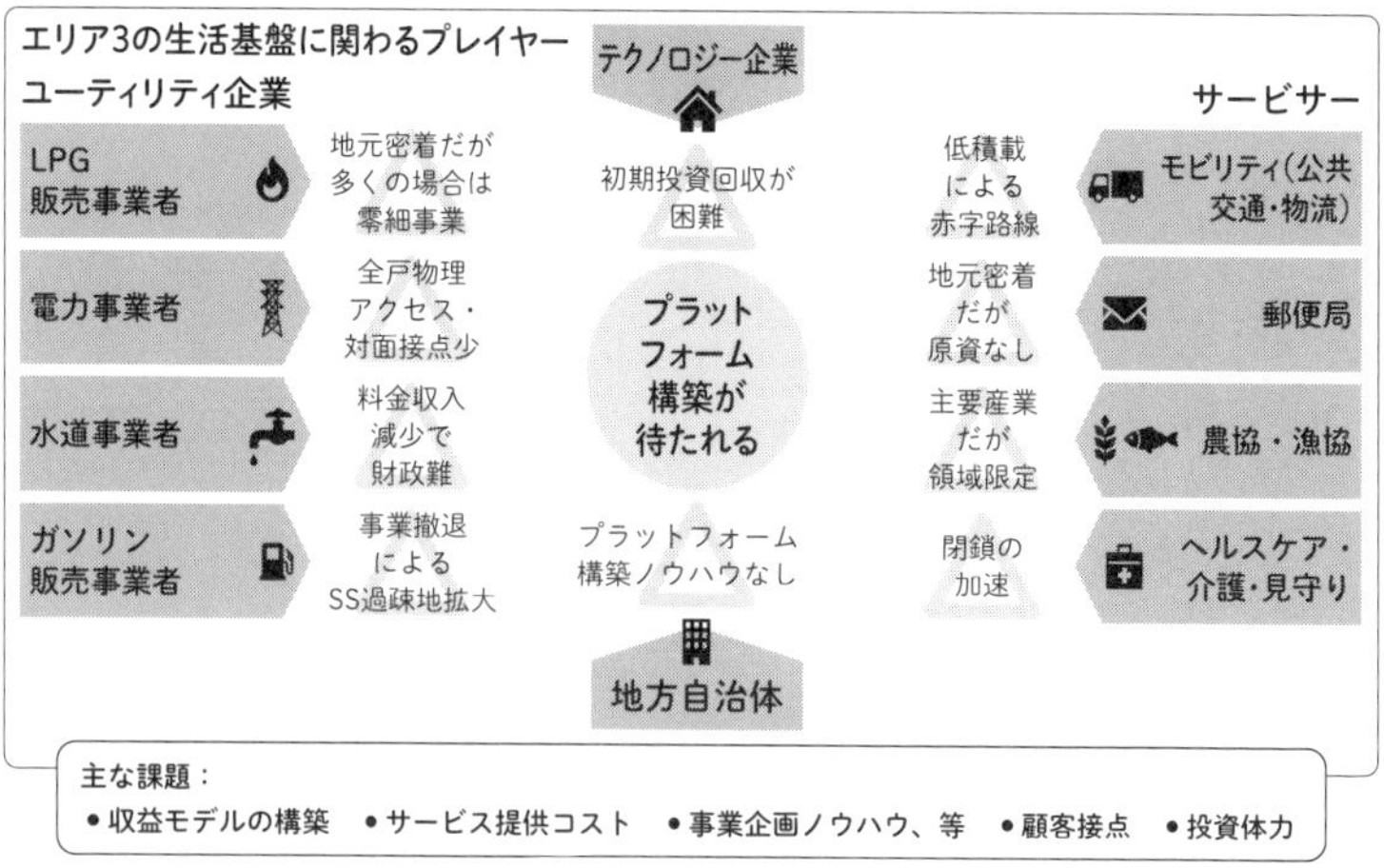

出所：McKinsey

消によって資金を地域内で循環させることができれば、新たな原資の創出が実現され、新たな地域づくりに貢献できるようになる。このインテグレーテッド・ユーティリティのインフラ提供の中核的な担い手になりうるのはエネルギーを本業とし、広く全戸アクセスを有し、地域からの信頼も厚い電力事業者が候補ではないか。現実の収益モデルなど解決すべきハードルは山積するが、毎回カスタマイズが不要な事業パッケージが出来れば人口減少時代のユーティリティの一つのモデルケースとなり、横展開可能となるだろう。

いずれのエリアにおいてもエネ

ルギー会社／電力会社が果たせる役割は大きく、自身の事業だけでなく異業種が活躍できるプラットフォーム・エコシステム構築を担える、又は期待される立ち位置にいる（前章図表４－11エコシステム参照）。この役割へと他社・他業界と連携しながら自身の事業を遷移・変革できるかが地域／都市／国の今後の繁栄の礎を左右するものであり、ひいては自社／業界／エコシステムが享受できる収益につながる。一方でもしその変革のペース感や規模の観点で世の中のニーズとミスマッチが生じる場合は、よりダイナミックかつ大規模で動ける他業界プレイヤーを中核とする変革につながり、現在良好な立ち位置にいるエネルギー事業者といえども、逆に変革を迫られる立場となり本来享受し得た事業機会や収益が大幅に減じる可能性も十分にある。

成長領域で勝者になる

電力・ガスを含むエネルギー業界はこれまで繰り返し甚大な変化に見舞われてきた。市場自由化、脱炭素化、分散化という大きなトレンドの中で、東日本大震災など大規模災害も頻発し、あらゆる問題に同時に対応しなくてはならない状況に直面してきた。そのうえ、デジタル化の進展とともに、デジタルアタッカーによる脅威にもさらされている。

図表5-9 各関係者が協調した統合的なエネルギー転換戦略を描くことでエネルギーを武器にすることができる

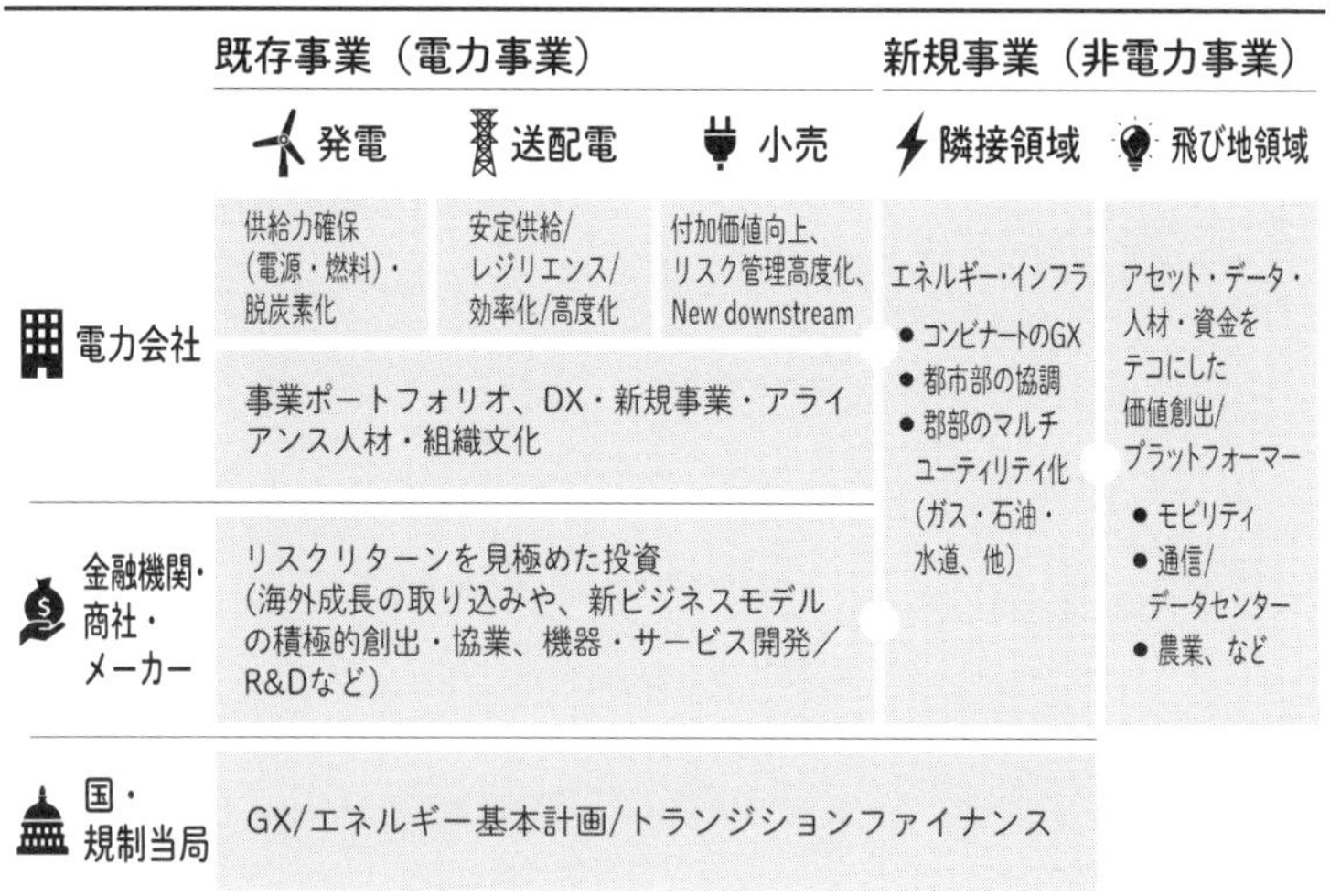

	既存事業（電力事業）			新規事業（非電力事業）	
	発電	送配電	小売	隣接領域	飛び地領域
電力会社	供給力確保（電源・燃料）・脱炭素化	安定供給/レジリエンス/効率化/高度化	付加価値向上、リスク管理高度化、New downstream	エネルギー・インフラ ●コンビナートのGX ●都市部の協調 ●郡部のマルチユーティリティ化（ガス・石油・水道、他）	アセット・データ・人材・資金をテコにした価値創出/プラットフォーマー ●モビリティ ●通信/データセンター ●農業、など
	事業ポートフォリオ、DX・新規事業・アライアンス人材・組織文化				
金融機関・商社・メーカー	リスクリターンを見極めた投資（海外成長の取り込みや、新ビジネスモデルの積極的創出・協業、機器・サービス開発/R&Dなど）				
国・規制当局	GX/エネルギー基本計画/トランジションファイナンス				

出所：McKinsey

「20世紀型電力会社モデルの終焉」といったようなセンセーショナルなフレーズが海外で喧伝されているように、「電力会社」と呼ばれるものの形態が今後大きく変わっていくことは間違いない。バリューチェーンのそれぞれの領域において、電力の周辺業界も巻き込んで新たなビジネスを積極的に展開する俊敏な企業へと変化せざるをえなくなっている。

しかしそのような中でくり返し本書で見た通り、電力は引き続き成長市場であり、多くのチャンスが存在する。そして、電力会社は既存のアセットやノウハウの観点から大きく事業や地域・国を動かすことができる立場にいるが、持てる優位性を存分に発揮するためには、たとえ困難を伴おうとも自社の変革に取り組まなくてはならない（図表５－９）。

本書では旧一般電気事業者を念頭に置いた議論が多くなされてきたが、そこでの議論はエネルギー市場を新たな成長市場として捉えるエネルギー事業者や各種企業にとっても同様の内容となる。新たに電力会社とパートナーシップを組んで協業するにせよ、競争的な状況に参入する場合にせよ、機器メーカーとして市場全体に製品やサービスを供給するメーカーの場合であるにせよ、エネルギーインフラの領域やアセット・データ・人材・資金を用いたプラットフォーム事業においては「既存事業者」「新規事業者」といった区分さえも意味をなさなくなっていくだろう。両者が合わさって産業変革を進めることで、日本全体でエネルギー全体の転換が加速し、エネルギー産業は、エネルギーにとどまらず国全体の経済成長やイノベーションを支え創発する重要な役割を担い続けていくはずである。

対談

ドイツ・アメリカのエネルギー転換の現状、日本への示唆

柿元：本書では世界の各国が各々の事情に基づきエネルギートランジションを多様化してくる様子を紹介しながら日本への示唆を辿ってきました。ここでドイツとアメリカで日常的にクライアント企業や政府・官庁と議論しているシニアパートナーのアレクサンダー・ワイス氏とアダム・バース氏に、直近で直面する状況について話を聞いてみたいと思います。

アレックス：ここ数年、ヨーロッパではエネルギーに関し大きく変わりました。EUは2050年までにカーボンニュートラルを達成するという目標を掲げ、その達成に向けて大規模なプログラムや政府の取り組みが進められてきたわけですが、この数年で議論の焦点が変わってきています。これまではサステナビリティが主なテーマでしたが、それに加

えて「供給の安定性」と「経済的な負担」が重要視されるようになってきました。
供給の安定性の話が一段落すると、特にこの12カ月で議論は「コスト負担」にシフトしています。ヨーロッパではエネルギー価格が依然として高く、多くの人々がその影響を受けています。この影響もあり特にコロナ禍以降、電力需要は完全には回復しておらず、この状況はアメリカで電力需要が増加しているのと対照的です。例えば、ドイツではかつてピーク時に81ギガワットの電力が必要でしたが、２０２１年から２０２３年の間に71ギガワットまで低下し、電力消費量全体も9～10％減少しました。この要因には、ウクライナ戦争の影響だけでなく、エネルギーコストの上昇による産業の空洞化も関係しています。さらに、ＥＶやヒートポンプ、水素エネルギーの導入が政府によって推進されてきましたが、それらの期待された需要拡大はまだほとんど実現していません。それでもデータセンターのニーズにより需要が増加してくると、今度は電源不足に直面することになります。

アダム：トランプ大統領が就任してから少し経ちますが、今、最も重要だと考えている点をいくつかお話し

Alexander Weiss（シニアパートナー、ベルリンオフィス）
マッキンゼーの電力・ガスグループのグローバルリーダーかつグローバルの設備投資研究会のリーダー。欧州・中東・アフリカ地域（EMEA）のエネルギー業界において、発電から電力取引、送配電やエネルギー小売り・卸売りまでバリューチェーン横断で価値創造に携わる。

します。予想通りの動きもあれば、予想外の展開もありました。例えば、技術の扱いに関しては、トランプ政権は電気自動車インフラや洋上風力発電に対して政府の支援を縮小する姿勢を明確にしています。一方で、原子力、特に小型モジュール炉（SMR）や地熱発電には引き続き支援が行われる見込みです。二酸化炭素回収や水素技術、再生可能エネルギーについては、まだ不確定要素が多く、今後の展開が注目されます。

柿元雄太郎（シニアパートナー）
日本におけるエネルギー・素材・インフラグループおよびマーケティング・アンド・セールスグループのリーダー。

石油・ガス産業の振興についても、大統領就任初日に液化天然ガス（LNG）輸出禁止措置を解除し、連邦政府の土地を新たに開放するなどの措置が取られました。特にアラスカの開発に関する議論は長年続いており、今後の動きが重要です。もう一つ大きなテーマとして、許認可手続きの簡素化が挙げられます。例えば、国家環境政策法（NEPA）の規制により、プロジェクトの開発期間が通常2～5年延びるとされていますが、トランプ大統領は可能な限りこの規制を撤廃すると明言しています。需要についてみればGAFAMを中心としたデータセンターを充足するだけの設備容量が大きく不足していま

す。

柿元：2国の間でコントラストが大きい状況ですね。ここから各国ごとに挙げられた論点を深掘りして話を聞いてみたいと思います。これまで脱炭素を牽引してきたドイツが直面している課題を具体的に理解しておくことは、日本の今後への示唆を考えるにあたり重要となります。まず、現在のドイツのエネルギー転換で目指していたことを教えてください。

アレックス：ドイツでは、エネルギー転換が法的に位置づけられており、まずこの前提が重要です。これを支える主要な法律として、以下の3つが挙げられます。

1つ目はイースターパッケージ（Easter Package）です。2022年のイースターの時期に発表されたこの政策は、2035年までに導入すべき発電方式を具体的に示しています。ドイツは、EUの2045年という目標を5年早めてネットゼロを目指しており、このパッケージはその目標達成に向けた重要なステップです。具体的には、約600GWの再生可能エネルギー（RES）発電容量を計画しており、内訳としては太陽光発電が約300GW、陸上風力発電が約150GW、洋上風力発電が約100GWとされています。残りは蓄電システムや水素対応のガス火力発電所に割り当てられる予定です。

2つ目は国家送電網開発計画（National Grid Development Plan）です。この計画では、2030年までに約2500億ユーロの投資を見込んでおり、ドイツ国内の送電網をどのように拡張・更新するかを具体的に示しています。配電網についての詳細な計画も今後発表される予定です。

3つ目は建築物エネルギー法（Building Energy Act）で、暖房技術の展開スケジュールを規定するとともに、将来的にガス暖房を禁止する内容が含まれています。また、再生可能燃料を65％以上使用することが義務付けられており、特にヒートポンプの普及を推進しています。

柿元：日本から見ていてもこれらは矢継ぎ早に体系的に打ち出されてきたように思います。その上で現状の課題についてどのように見ていますか？

アレックス：課題としては、再生可能エネルギー技術の普及と送電網の拡張に遅れが生じている点が挙げられます。2035年までに毎年20GW以上の再生可能エネルギー発電容量が必要とされていますが、2024年の追加容量は14GWにとどまり、その多くが太陽

Adam Barth（シニアパートナー、ヒューストンオフィス）
マッキンゼーのグローバルエネルギー・素材・公共部門グループのリーダーであり、送電・配電業界や、エネルギー、公共部門、地政学の接点における企業支援を主導している。

光発電でした。洋上・陸上風力発電の目標は未達成です。また、送電網に関しても、計画された容量の25％しか実現されていません。

さらに厄介なことに、これらを実現しようと思うと電気料金が大きく増加することが既に予見されてしまっていることです。イースターパッケージでの再生可能エネルギーを導入するために必要な系統増強費用の一部が既に電気料金の中に顕在化してきています。以前の安価なレベルのロシア産ガスの使用が見込めず、再生可能エネルギーのための系統費用が電気料金にロックインされ、今後さらに増えることを想定すると、電気料金が長期的に以前の水準に戻ることはないという見立てが産業界には強く、ＢＡＳＦやフォルクスワーゲンにおける国内生産の縮小や海外移転の話につながっています。

柿元：ドイツの脱炭素を立脚してきた前提の多くが崩れてきているということですね。ドイツもこのような課題に手をこまねいているだけではないと思いますが、今後積極的に行おうとしていることとしてはどのようなものがありますか？

アレックス：いくつかの好材料もあります。政府

瓜生田義貴（パートナー）
日本における電力・ガスグループのコアリーダー

は送電網拡張を妨げていた多くの規制を緩和し始めており、エネルギー集約型産業、特に鉄鋼業の脱炭素を積極的に支援しています。また、蓄電池システムの普及が進んでおり、例えば太陽光設備と蓄電池を組み合わせた事例が増えています。北ドイツでは風力発電のデベロッパーが電解槽や蓄電池を導入し始めるなど、新しい取り組みも見られます。

また、これはマッキンゼーのドイツオフィスが独自に行った試算ですが、電力の脱炭素を再エネのみにより行うのではなく、再エネ導入目標を引き下げ、その代わりに一部を水素火力などで代替する案が魅力的だと考えられます。水素火力自体の発電単価は高いですが、系統増強や蓄電池費用が抑制できる分、システム全体としてはより安価に元々と同程度の脱炭素も実現できることになります。

柿元：これはまさに本書における日本のシミュレーションにおいても同様の結果が出ていることかと思います。水素自体の調達やガスタービンの価格・納期などの課題もありつつも、選択肢の幅を広げることは共通ということですね。

アレックス：今後に向けた重要な示唆があると思います。排出削減を目指す際には、発電コストだけでなく送電網など関連するインフラコストにも着目する必要があります。また、需給調整可能な電力の重要性が指摘されており、再生可能エネルギーの普及率が高ま

図表6-1 ドイツにおいて家庭用電気料金は47〜49セント/kWhに値上がりする可能性がある

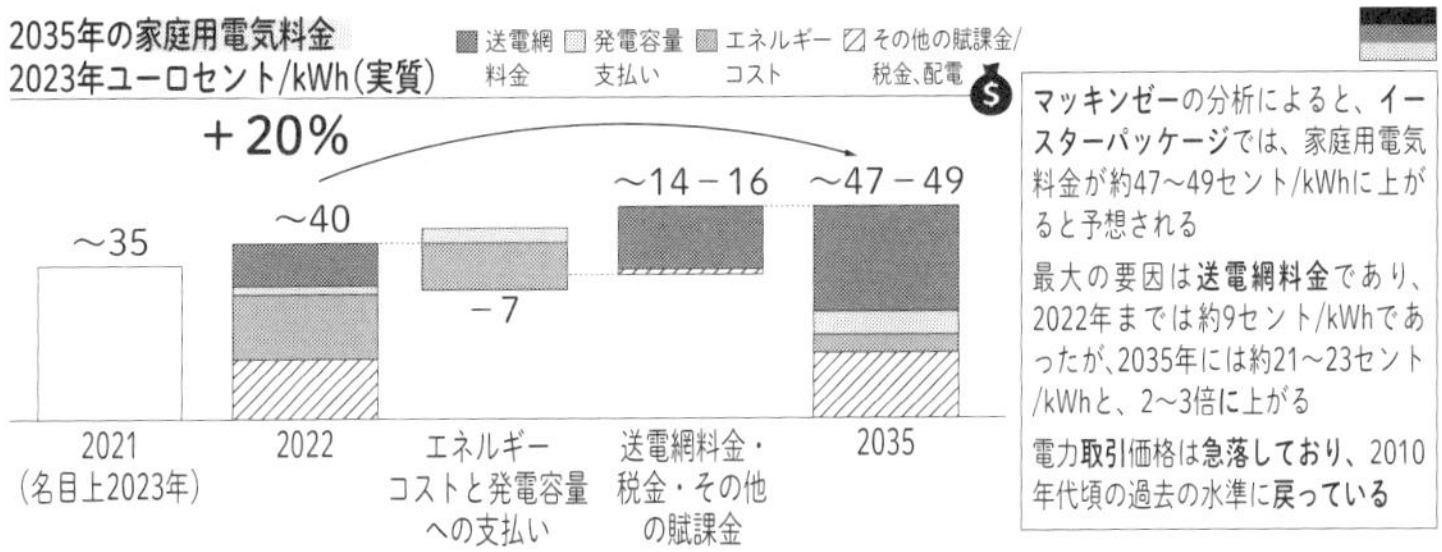

・送電網料金に加え、オフショア送電網に対する賦課金やCHPに対する賦課金を含む。付随サービスにかかるコストが過去（2010〜19年）の水準のままであると仮定
・再生可能エネルギーとディスパッチ可能容量の建設に対する賦課金。コストは過去のEEGに対する賦課金と同様に消費者に転嫁されると仮定
・VAT基準額（19%）の変更による変化だけを考慮し、配電、賦課金、税金にかかるコストは一定であると仮定

出所：マッキンゼー電力モデル、連邦ネットワーク庁、送電網開発計画、bdew

図表6-2 再エネの代わりに一部水素火力をシステムに組み込むことで脱炭素とコスト抑制を両立する道が存在する

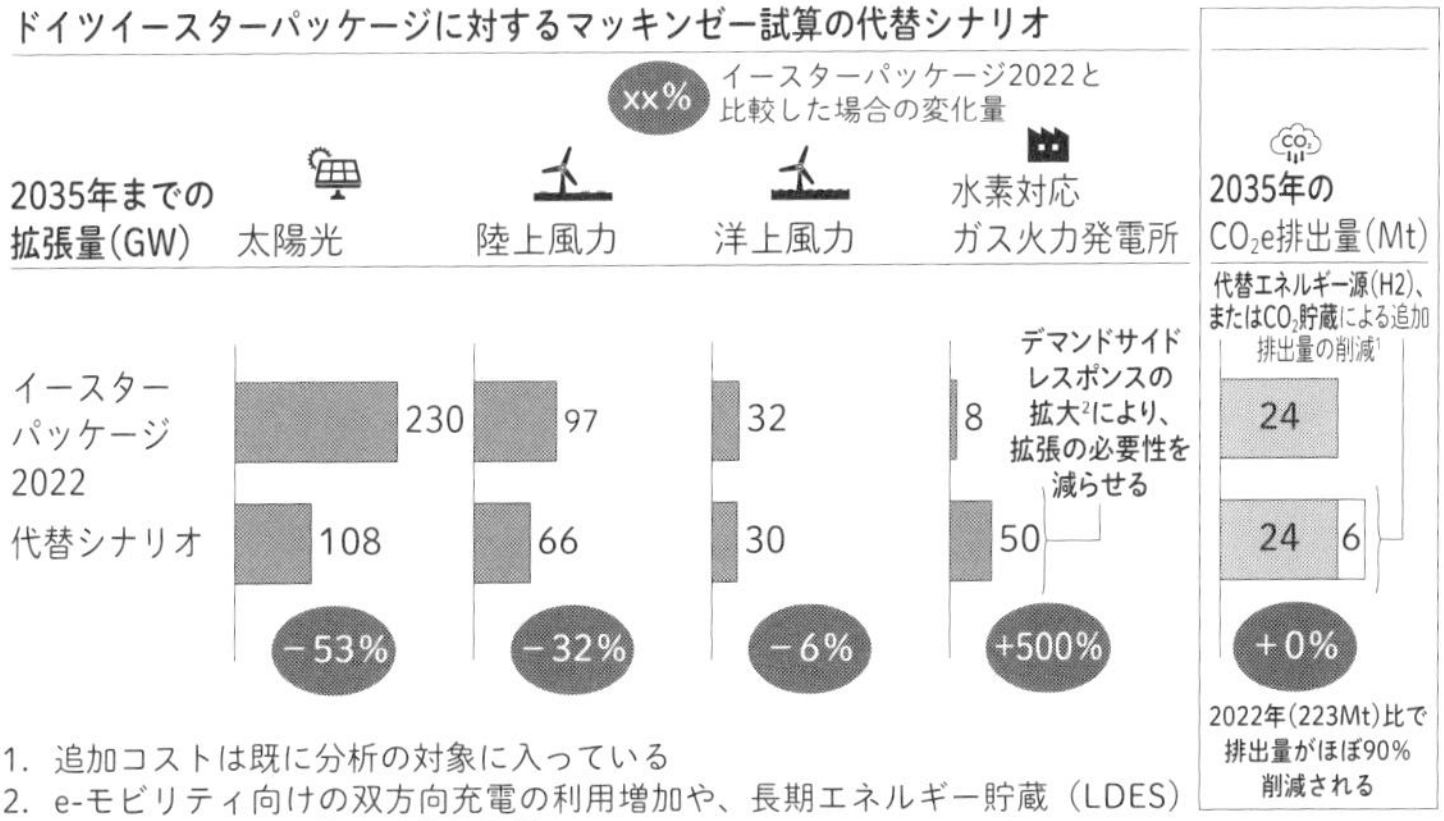

1. 追加コストは既に分析の対象に入っている
2. e-モビリティ向けの双方向充電の利用増加や、長期エネルギー貯蔵（LDES）の拡大など、その他の手段と同様

出所：McKinsey

るほど、需給調整可能な電力への投資が魅力的になります。最後に、原子力発電の役割についても議論が続いています。ドイツは原子力発電所を停止しましたが、近隣諸国は引き続き原子力を活用しており、この点においても戦略的な検討が求められています。

柿元：ドイツの話を中心に聞いてきましたが、欧州全体での脱炭素への協調度合いで足並みは揃っているのでしょうか。

アレックス：ヨーロッパは自らエネルギー問題を解決できるはずですが、現実的にはさらに複雑な状況が広がっています。イベリア半島には豊富な太陽光資源や水力発電の可能性がありますが、その電力需要は中欧に集中しています。理論的には、イベリア半島で発電した電力を送電網を通じて中欧に供給することが可能です。しかし、実際にはフランスを経由しなければならず、その規制やインフラの制約により、電力の供給がうまくいかないことがあります。

さらに、ドイツの政策も影響を与えています。ドイツが原子力発電を停止したことで、その影響は周辺国にも及んでいます。特に冬の時期（11月〜2月）にドイツの発電能力が不足すると、他国から電力を輸入する必要があり、そのコストが高騰します。これにより、周辺国の電力供給コストも上昇し、さらにその影響がドイツの国内電力供給にも反映されるのです。ドイツは他国から高額な電力を輸入しているものの、その影響で周辺国の電力供給コストも上昇しており、ヨーロッパ全体でのエネルギー供給の安定性が揺らいでいる状況です。

このあたりの不整合はヨーロッパの規制に関する課題であり事態を解決するためにはかなりの時間と努力が必要です。過去数年間で多くの規制が施行されましたが、その結果私たちは予想以上に窮地に追い込まれてしまいました。複雑な官僚制度が絡み、抜け出せない状況に陥っているのです。イタリアの元首相であるドラギ氏のドラギレポートでは現在の状況から抜け出すために何をすべきかについて、いくつかの提案や政策が盛り込まれていました。この報告書は、ヨーロッパの競争力に関する問題も扱っており、エネルギー問題だけでなく、アメリカと比較した際の非競争性についても触れています。報告書では、産業戦略を進め、注力分野に焦点を当てた投資の必要性や制度改革が求められています。ヨーロッパ内部のより包括的なアプローチ、さらには全体としての平和と連携を進めることが必要だとも述べています。このドラギレポートはヨーロッパの将来の方向性を指し示す重要な指針となっています。

エネルギーにおいても、ヨーロッパは現在エネルギー生産に関する大きな変革を検討中です。この分野に関しては、今後数カ月で大きな変化が見込まれるでしょう。

瓜生田：ありがとうございます。ここからはアメリカについても同様に聞いてみたいと思います。これまでアメリカはＩＲＡを中心に新たなエネルギー産業創出を狙ってきたと思います。この流れは変わるのでしょうか？　まだ見通しが不確実なところもあると思いますが現時点で考えられることを教えてください。

アダム：現政権の脱炭素へのスタンスとは独立して、基本的に米国への投資が結果的に集まるものであれば喜んで進めるという報道からすれば、脱炭素だからすぐに止めるというロジックにはなりません。

むしろＩＲＡによる再生可能エネルギーに対する投資税額控除や生産税額控除の資金の約80％は共和党支持の州に流れています。上位20地区のうち19地区が共和党の支持地域です。そしてこれらクリーンエネルギーのプロジェクトは民主党主導の活動ですので、もしこの現状だけであれば、これらの優遇措置は超党派で支持されそのまま維持される可能性が高いでしょう。

しかしＩＲＡの各プログラムの今後がどうなるかは少し複雑で、いま政権全体が行っている予算調整プロセスの動向の影響を強く受けることになります。

問題となるのはトランプ大統領の最優先課題の一つである、税制優遇措置の延長あるいは拡大があります。この税制優遇措置は、トランプ大統領が第一期政権の際に提案したものですが、それらを成立させるためには財政赤字の相殺策が必要となります。いわゆるバジェットニュートラル状態に持っていく必要があるわけです。では、減税措置を延長するためには、どれほどの財源が必要なのか。現在の最新の試算では、約4・5兆ドルとされています。この財源をどのように補填するのかが問題であり、その手段として関税収入の増加をはじめ、あらゆる選択肢がリストアップされています。それらが実現するかどうかは、米国のエネルギー技術に投資する企業にとって最大の関心事となっています。税制優遇措置の内訳を見ると、約7000億～8000億ドル規模の税控除があり、その中でも最大の割合を占めるのが、投資税額控除（ITC）と生産税額控除（PTC）です。これらの制度は、近年の米国における再生可能エネルギーの急成長を支えてきました。次に大きいのがクリーン製造業向けの優遇措置で、その後にその他の技術が続きます。

特にリスクが高いと見られているのが電気自動車（EV）向けの税控除です。一方、ITCとPTCについては超党派の支持があり、完全に廃止される可能性は低いものの、期限を前倒しして終了する「アーリーサンセット（早期廃止）」のような調整が行われる可能性があります。これは、財政赤字の評価において一定の効果を持たせつつ、進行中のプロジェクトへの影響を最小限に抑える狙いがあります。

瓜生田：日本企業もここ数年IRAを魅力に感じて、再生可能エネルギーや水素・合成燃料などの米国投資を推し進めてきました。まだ優遇が残る可能性があるとはいえ、もし変更がなされた場合には事業性にどの程度の影響があるものでしょうか？

アダム：アメリカオフィスで行った再生可能エネルギープロジェクトの分析では、仮に税控除が早期終了した場合、プロジェクトの内部収益率（ＩＲＲ）は40～60％も急落する可能性があると示されました。さらに、これをエネルギーシステム全体のモデルに適用し、２０２５年、２０３０年、２０５０年の技術別の発電設備導入量を試算しました。ベースケースと比較し、投資税額控除および生産税額控除を撤廃した場合のシナリオを見ると、予想通り再生可能エネルギーの導入量は大幅に減少し、特に洋上風力の影響が顕著です。太陽光発電も減少するものの、それを補う形でガス火力発電が増加します。また、一部のクリーンなファーム電源も増加しますが、これは州レベルでのネットゼロ目標が維持される前提のもとでの試算です。

この結果だけを見ると、再生可能エネルギーにとって厳しい状況のように見えますが、それでも太陽光発電の累積導入量は２０５０年までに１・７テラワットになる見通しです。これは現在の約7倍に相当する数字です。その要因は米国のデータセンター需要の増加、再産業化、電化の進展などが挙げられます。短期的には税制変更がマイナス要因になる可能性はあるものの、電力需要がかつてないほど高まっているため、最終的には経済的に成り立つと考えられます。

瓜生田：米国における電力需要の拡大と電源確保の状況はどうなっていますか？

アダム：仮に今日、新しいガス火力発電所を建設すると発表したとしても、ガスタービンの調達には4年かかるといわれています。特にテキサス湾岸地域などの大規模開発が進む地域では、すでに労働力不足が深刻です。ましてや、原子力のような新技術を導入しようとすれば、さらに大きな課題となります。米国では、新しい原子力発電所の認可と運転開始までに10年かかるのが一般的です。このような現実を踏まえると、経済的な視点からも、発電所の建設計画をどのように進めるべきかが問われています。

さらに、もう一つの課題は、地域ごとの電力需給バランスです。米国の電力系統は複数の運営地域に分かれています。例えば、中部大西洋地域を管轄するＰＪＭや、ルイジアナから北部まで広がるＭＩＳＯといった電力市場があります。私たちの試算では、仮に現在の計画通りに石炭火力発電所が廃止され、再生可能エネルギーの導入と需要の増加が進んだ場合、２０３０年には供給不足が発生する可能性があります。具体的には、ＰＪＭではピーク時の供給不足が35ギガワットに達し、ＭＩＳＯでは30ギガワットの不足が見込まれます。この30ギガワットという数字は、ミシガン州全体の発電容量（約33ギガワット）とほぼ同じ規模です。こうした状況を踏まえると、今後の電力供給計画や発電所の建設スケジュールをどのように策定するかが、非常に重要な課題となるでしょう。

瓜生田：原子力についてはどのような位置づけでしょうか？

アダム：新しいエネルギー長官が最初に出した大統領令は、まさに原子力の拡大に関するものでした。そのため、エネルギー省（DOE）は、可能な限り原子力の推進に向けた取り組みを進めていくことになります。ここ1～2年で、米国における原子力発電の最大の推進要因となっているのは、大手テクノロジー企業の動きです。例えば、アマゾン、メタ、グーグルが原子力発電を活用する方針を打ち出していますし、かつて閉鎖されたスリーマイル島やパリセードの原子力発電所の再稼働も進められています。

さらに、小型モジュール炉（SMR）の発表や企業間のパートナーシップも原子力推進を後押ししています。例えば、アマゾンとX-エナジーの提携などがその代表例です。こうした動きは、自然な流れとして進んでいるように思います。加えて、原子力の推進には「45U税額控除」やエネルギー省の融資プログラムも大きな役割を果たしています。たとえば、政府が支援するワイオミング州の新しい原子力施設プロジェクトが挙げられます。

今後の展開としては、既存のインフラやエネルギー省のプログラム（融資プログラムオフィスやエネルギー技術の実証・移転に関する部門）が、原子力の支援にさらに力を入れていくと考えられます。実際、多くのリソースが、国立研究所での研究開発から実際のプロジェクトファイナンスまで、幅広く原子力に投じられているようです。

こうした背景からも、今後のエネルギー政策において、原子力発電は間違いなく最優先の課題の一つになるでしょう。

柿元：ここまで欧州と米国の話を聞いてきましたが日本への示唆も伺えればと思います。ドイツとアメリカでは背景が若干異なりつつ、これから電源不足になり再生可能エネルギーやガス火力のみならず原子力が非常に重要になっていく状況が見えてきていると思います。これは日本でも同様でしょう。一方でその原子力発電も世界の建設状況を見ると、インフレなどで建設価格が高くなり決して安い電源ではないとの話がありますが、それについてはどう考えますか？

アレックス：確かにインフレは課題であり、様々な形での政府補償や優遇も重要となっていますが、原子力の設計自体も見直し、ある程度標準化することも必要でしょう。近年あったプロジェクトの発注仕様・条件で、他のサイトで作ったのとまったく同じ設計で、まったく同じ施工会社と人員で建設してほしいと指定し費用を抑えた案件がありましたが、それが正しいと思います。

アダム：安さだけが原子力の価値ではないことに留意が必要です。原子力はクリーンエネルギーであり、大需要家であるGAFAMが設定しているクリーンエネルギー調達目標と合致します。ちなみにGAFAMは現時点で既に電源不足による機会損失に悩まされており、実は「CCS拡張可能」という建前のもとでガス火力発電所に投資をしたりしています。それだけすぐに電力が欲しいということであり、彼らにとっては価格よりもどれだけ早く（time to power）電力がセキュアできるかが判断ファクターです。個人的にはGAFAMが連合を組んで電源調達をコミットする形で中期的に原子力発電所を新設するような案すらあってもよいと思います。さらに将来的にはSMRやその他の革新的技術も見据えていくのだと思います。

柿元：ありがとうございます。その他にも日本へのメッセージがあればお願いします。

アダム：先の議論とも共通しますが、日本にとって必要なのは、統合的なエネルギー戦略を確立し、それに合うような各技術ごとにどのように推進していくかを具体的に検討することかと思います。特に原子力に関しては、共同オフテイク計画の検討、特定の設計における競争、許認可の円滑化、サプライチェーン・プラントメーカーをはじめとする機器メーカーの事業機会の評価など、これらの要素を総合的に考慮することが重要となるのではないでしょうか。

アレックス：先に述べたような、システム全体のコストで考えることの重要性は、日本のエネルギー業界が従来より重視してきたことです。欧州全体が現実を見据えた脱炭素の路線に大きくシフトしようとしている中、日本のエネルギー業界がどのような思考プロセスで、どのような打ち手を足元で打っているかは欧州や世界にとって非常に貴重な示唆になると思います。

もう一点あるとすると、電源不足の状況が慢性的に続きそうな中では、既存アセットの有効活用の点で需要側管理をうまく進めていくのが非常に重要という点を挙げさせてください。日本はスマートメーターの普及が進んでおり次世代スマートメーターの計画も進められています。それらデジタルを活用したデマンドレスポンスやエネルギーマネジメントの取り組みについても大きく深掘りできる領域ではないでしょうか。ソフトウェア支援とソリューションを通じて、需要管理のための包括的なシステムを開発する広範な解決策は業界全体で待ち望まれているもので日本が大きくリードできる領域ではないでしょうか。

あとがき・謝辞

エネルギー業界は、かつてないほどの変革の時代に突入しています。脱炭素化の潮流、技術革新、地政学的リスク、そして経済的なプレッシャーが複雑に絡み合い、業界全体に大きな影響を与えています。このような状況下で、エネルギー業界のリーダーたちは、従来の枠組みを超えた大胆な戦略的決断を求められています。本書では、エネルギー業界が直面する課題と機会を包括的に分析し、未来に向けた具体的なアクションプランを提示しました。特に、日本のエネルギー会社が安定供給の精神を守りつつ、どのようにして持続可能なエネルギーシステムを構築していくべきかについて考察しています。

エネルギー業界は、脱炭素化という大きな目標に向けて進んでいますが、その道のりは決して平坦ではありません。技術的な課題、経済的な制約、そして社会的な受容性など、多くの障壁が存在します。しかし、これらの課題を克服するためには、従来の延長線上の取り組みでは不十分です。業界全体が一丸となって、新しいアプローチを模索し、実行に移す必要があります。その道のりは本書に示した通り、ハードルも多くあります。

まず、デジタルでの進化はエネルギー業界にとって大きな課題でありチャンスです。デジタル技術を活用することで、オペレーションの効率化やコスト削減が可能となり、さらには新しいサービスの提供も実現できます。例えば、予測モデルに基づくメンテナンス業務や、モバイル端末を活用した現場作業の効率化など、具体的な施策が既に多くの企業で導入されています。また、生成ＡＩなどの新技術の台頭により競争環境が大きく変化しており、受け身で新技術を導入するだけではなく、それを自社の競争力の源泉とするための積極的な活用が必須です。

持続可能なエネルギーシステムを構築するためには、再生可能エネルギーの導入拡大だけでなく、エネルギーの効率的な利用も重要です。例えば、電力の需要と供給をリアルタイムで最適化するＶＰＰ／デマンドレスポンスの導入や、エネルギー貯蔵技術の開発などが挙げられます。これらの技術は、エネルギーの安定供給を実現し、脱炭素化の目標達成に大きく貢献します。

また、日本の電力会社は日本全体の経済基盤としてだけでなく、地域ごとの経済の基軸としても大きな役割を果たしています。地域の特性を活かしたエネルギーサービスの提供や、地域経済の活性化を支えるインフラの整備は、持続可能な社会の実現に向けた鍵となるでしょう。さらに、エネルギー会社は、エネルギー分野にとどまらず、地域ごとの特性や資源を活用して、新規事業を含む幅広い事業領域を追求できる可能性を秘めています。その強みを最大限に活かすことで、地域社会全体の発展に寄与する企業体としての進化が期待されます。

一方で、エネルギー転換には多大な投資が必要です。例えば、再生可能エネルギーのコストは過去10年間で低下していますが、風力・太陽光発電の間欠性を補うためのバックアップ容量の必要性や送電網の整備など、追加のコストも発生することはもはや見過ごせないほど明白です。そして、原子力発電に関しては、そのリスクと可能性を巡る議論の段階を既に越え、今後の具体的な運用方針を定めるフェーズへと進んでいます。

他業界に目を向ければ日本の自動車業界は、戦後の高度経済成長期において、世界市場での競争力を飛躍的に高めました。特に、トヨタ生産方式に代表される効率的な生産システムの導入は、品質向上とコスト削減を同時に実現し、世界中の製造業に大きな影響を与えました。さらに経営面でも系列の解体などのドラスティックな変革や電動化や自動運転技術の開発が進む中での対応をダイナミックに行うことで世界市場の中での競争を生き抜いています。

エネルギー業界もまた、これらの歴史から学び、未来に向けた大胆な戦略的決断を下すことで、持続可能な成長を実現することができるでしょう。今後、エネルギー業界が競争力を維持し続けるには、これまでにない規模と深さでの変革が求められます。この変革を実現できなければ、地域、産業、そして国全体の活力を保つことが困難になるでしょう。また、人口減少、高齢化、デジタル赤字など日本特有の構造的な課題を克服するためにも、エネルギー業界が果たすべき役割は非常に重要です。これを成功させるには、国も含めてエコシステム全体が一丸となり、強い意志をもって挑戦を続けることが不可欠です。
今こそ、変革の時です。本書が提示する戦略的なアプローチを参考に、未来に向けた大胆な決断を下し、持続可能な成長を実現していければ幸いです。

本書を執筆するにあたり、マッキンゼーの日本オフィスおよびグローバルの多くの同僚から多くの方々の支えとご協力をいただきました。特にエネルギー研究グループのリーダーであるフマユン・タイ氏、アレクサンダー・ワイス氏からは米国、欧州の視点でのインプットを、日本オフィスエネルギーチームからは全体構成にとどまらず個別の表現や内容についての討議に多くサポートしていただきました。また、大勢のクライアントの皆様ともプロジェクトや議論を通じて本書のテーマや内容について議論を交わし、示唆に富んだ意見をいただいたことで、本書の内容が大きく深まったと考えています。また本書の執筆にあたり、社内のExternal Relation部門の皆さまには各種のご調整と多大なご支援をいただきました。

さらに、本書の出版にあたってご尽力いただいた日経BPの皆さま、渡部典子氏には、深く御礼申し上げます。企画段階から多くのご助言をいただき、文章のブラッシュアップや編集作業においても細やかにサポートしていただきました。皆さまのおかげで、本書を世に送り出すことができました。

最後に、本書を手に取ってくださった読者の皆さまに感謝申し上げます。

柿元雄太郎

著者略歴

瓜生田義貴（うりうだ・よしたか）
マッキンゼー・アンド・カンパニー　パートナー

日本における電力・ガスグループのコアリーダー
エネルギーバリューチェーンの上流から下流にわたりエネルギー企業や周辺の機器・サービス業界のクライアント企業に対する全社戦略の策定や、売上成長、デジタル・アナリティクスを活用したコスト最適化・生産性向上の支援に従事。特に近年はエネルギー転換を踏まえた電力・ガス業界における大型企業変革プロジェクトにて大幅な収益向上と組織文化の変革を多数支援。グローバルのエネルギーモデリングチームのコアメンバー。
東京大学大学院・工学系研究科修士（航空宇宙工学専攻）。

板橋辰昌（いたはし・たつまさ）
マッキンゼー・アンド・カンパニー　パートナー

日本における電力・ガスグループのコアリーダー
エネルギー、商社、重電企業等のエネルギーバリューチェーンに関わる幅広い企業に対して、全社変革、リスク管理の高度化、新規事業創出などの戦略策定・実行を多数支援。近年、DXを通じた全社変革、コスト最適化により数多くのクライアント企業の売上・利益拡大を実現している。
慶應義塾大学大学院・理工学研究科（基礎理工学専攻）。

柿元雄太郎（かきもと・ゆうたろう）
マッキンゼー・アンド・カンパニー　シニアパートナー

日本におけるエネルギー・素材・インフラグループおよびマーケティング・アンド・セールスグループのリーダー。幅広い業界の企業に対し、戦略、事業、デジタル・アナリティクス、企業文化などの全社変革を支援。売上成長、キャッシュ創出、コスト最適化、ケイパビリティ構築、企業文化の分野における専門知見を活かし、数多くのクライアント企業の売上・利益拡大を実現している。
オックスフォード大学学士号取得（哲学・政治学・経済学）。

マッキンゼー　エネルギー競争戦略

2025年5月 2 日　　1版1刷
2025年6月16日　　　2刷

著　者　瓜生田義貴　板橋辰昌　柿元雄太郎

発行者　中川ヒロミ

発　行　株式会社日経BP
日本経済新聞出版

発　売　株式会社日経BPマーケティング
〒105-8308　東京都港区虎ノ門4-3-12

装　幀　竹内雄二

DTP　マーリンクレイン

印刷・製本　三松堂

ISBN978-4-296-11718-5